팬데믹?
엄마니까
버텨봅니다!

코로나 시대 가정을 지켜내기 위한
엄마 분투기

팬데믹?
엄마니까
버텨봅니다!

박현주 지음

바이북스
ByBooks

띠링!

2020년 1월 23일 코로나 '안전 안내 문자'라는 걸 처음 받아봤다. 그리고 얼마 후 가정 보육의 서막은 시작됐다. 때때로 한 달 이상이거나, 10일 내외가 되기도 했으며, 상황에 따라 이틀 안짝으로 하기도 했다. 길게든 짧게든 가정 보육이 끝날 때면 다시 하게 될까 마음을 졸였다. 그러나 코로나는 비웃기라도 하듯 가차 없이 나와 아이들을 다시 집안에 가뒀다. 그때마다 흔들렸고 버둥거렸다. 거기다 체력과 정신은 뚝뚝 떨어졌고, 몸과 마음은 곪아갔다. 코로나에서 벗어날 수 없는 하루하루가 싫었고, 다르지 않은 내일이 찾아오는 게 두려웠다.

아이들의 징징거림과 짜증이 사방팔방에서 나를 세차게 흔들던 가정 보육의 어느 날. 그동안 참아왔던 화가 내 안에서 부글거렸다. 머리에선 경보등이 요란하게 울려대는 통에 숨쉬기가 버거웠다. 여느 때와는 달랐다. 보이는 대로 다 때려 부수고 싶었다. 정말 무슨 일이라도 벌일 거 같았다. 그런 나 자신이 무서웠다. 뭐라도 하지 않으면 방방 날뛰는 감정을 부여잡을 수 없을 듯했다. 그래서 도망쳤다. 핸드폰 속 세계로. 그리고 검색했다.

'코로나 부모 스트레스'

엄지손가락은 쉬지 않고 화면을 넘기고 또 넘겼다. 생각보다 게시물이 없었다. 그나마 몇 개 있던 게시물은 현실적이지 않고, 두루뭉술했다. 예를 들면 이랬다. '몸과 마음을 회복할 시간을 가지세요. 스트레스를 줄일 수 있는 활동을 하세요.'

이러한 내용은 읽을수록 우울해졌다. 숨 가쁜 가정 보육 현장에서 마음의 여유라고는 눈곱만큼도 없는 엄마더러 어떻게 몸과 마음을 회복하고, 스트레스를 줄일 활동을 하란 말인가. 그날 나는 찾고 싶은 답을 끝내 찾지 못했다. 그 대신 나처럼 가정 보육 격전지에서 사투하는 인터넷 속 엄마들에게 고통을 토로하며 괴로움을 나눴다. 그들은 나의 괴로움을 공감해주다 못해, 꿰매 주고 어루만져 주었다.

험난한 가정 보육 중에 가장 필요한 것은 폭풍같이 휘몰아치는 감정을 누군가가 알아주는 것이었다. 그래서 나는 내가 느낀 대로, 본 대로, 경험한 대로 한 글자 한 글자 꾹꾹 눌러쓰며 인터넷 세상에 털어놨다. 그때마다 인터넷 속 누군가는 나를 응원했고, 위로했다. 그러다 보면 동요하던 감정은 수그러들었고, 평정심은 뚜벅뚜벅 내게 걸어왔다. 그러자 하루하루가 견딜 만해졌고, 그제야 코로나와 사투하는 사람들과 혼란한 세상이 보였다. 그래서 그것 또한 적었다. 뭐라도 써야 미치지 않고 버틸 수 있었으니까. 쓰다 보니 서서히 변한 것과 급격히 변한 것, 그리고 변하고 있는 것들이 보였다. 사람 만나는 방식, 일하는 방식. 그리고 세상을 살아가는 방식들이.

여전히 코로나는 우릴 괴롭힌다. 기나긴 괴롭힘으로 나도 그리고 주위 사람들도 모두 지쳤다. 이젠 코로나의 종식은 바라지도 않는다. 그저 상황이 더 나빠지지 않길, 최악으로 가닿지 않길 바랄 뿐이다.

이 이야기는 코로나가 발현한 2020년 1월부터 2021년 8월 31일까

팬데믹? 엄마니까 버텨봅니다!

지 보고, 느끼고, 경험한 것에 대한 엄마의 기록이다. 일상의 작은 것들을 기록했으나, 이 이야기는 코로나 시기에 모든 부모들이 겪은 일이기도 하며, 나아가 모든 사람들이 접한 일이기도 하다. 즉, 나의 이야기이자, 당신의 이야기, 우리 모두의 이야기이다. 나는 바란다. 나의 글이 지금까지 애쓴 이들에게 잘 견뎠고, 잘 이겨냈으며, 살아내느라 고생했다는 토닥임이 되기를.

그럼 이야기를 시작한다.

때는 바야흐로 작년 2월. 가정 보육의 서막을 알리던 시기로 거슬러 올라간다.

| 차례 |

chapter 1

가정편

미치고 팔짝 뛸 코로나

chapter 2

이웃편

여기 저기서 신음하다

chapter 3

세상편

혼돈 속에서의 도모

chapter 4

희망편

엄마로 코로나 팬데믹 건너기

| 가정 편 |

미치고
팔짝 뛸
코로나

가정 보육은
서막에 불과했다

2020년 2월 1일. 집 근처에 코로나 확진자가 발생했다. 어린이집에서는 2월 3일부터 2월 9일까지 휴원한다는 메시지를 보내왔다. 얼마 후에도 삽시간에 퍼진 코로나로 2월 24일부터 재휴원한다는 공지가 왔다. 급기야 2020년 신입 원아 오리엔테이션과 졸업식은 취소됐고, 입학식과 개학식은 3월 2일에서 3월 5일로, 다시 3월 9일로, 또다시 3월 23일로 연기됐다. 디데이만 기다리던 나는 잡힐 듯 잡히지 않는 날짜로 땅이 꺼져라 한숨을 쉬었다.

워킹맘은 계속되는 개학 연기로 온 가족이 돌아가며 아이들을 돌보느라 비상이다. 그중엔 눈물을 머금고 아이들을 긴급 보육으로 등원시키는 엄마들도 있었고, 급기야 사직서를 낸 엄마들도 있었다. 나를 포함한 전업맘은 그 고충에서는 자유롭지만 갑갑하기만 하다. 아이들과 반나절이라도 붙어 있으면 피곤한데, 무려 한 달 동안 붙어 있어야 한다니. 그것도 집콕으로 말이다. 오 마이 갓!

오늘도 9시 반에 육아는 시작됐다. 둘째는 어제도 12시가 넘어 잠들었건만, 어째서 제시간에 일어나는 걸까. 둘째를 안고 거실로 나오면 아이는 부엌을 향해 손을 뻗는다. 19개월 아들의 물 달라는 소리다. 물을 주면 꿀떡꿀떡 마신 후 아기 식탁으로 후다닥 뛰어간다. 이건 밥 달라는 소리다. 오늘따라 아침을 준비하지 못한 나는 마음이 급하다. 식탁에 앉은 세윤이는 빨리 달라고 울고불고 난리다. 조급한 손은 달걀을 깨다 가스레인지에 흘리고, 프라이팬에 계란껍질을 떨어트린다. 천천히 숨을 고르며 조그만 껍질을 찾아 빼냈다. 밥을 뜬 후 숙주나물, 멸치볶음을 올리고 그 위에 계란 프라이를 올렸다. 마지막으로 참기름 한 방울! 둘째는 함박웃음을 지으며 박수친다.

10시. 첫째가 비틀거리며 나온다. 머리엔 허리케인이라도 지나갔나 보다. 두 손으로 얼굴을 감싼 세연이는 비틀거리며 식탁으로 가서 엎드렸다. 가까스로 정신 차린 첫째는 평소대로 태블릿을 자기 앞에 세우곤 〈돼지저금통〉 유튜브 채널을 보며 웃는다. 그 사이 나는 첫째에게 토스트를 만들어 대령한다.

어느새 둘째는 밥 한 그릇을 비웠다. 식탁 아래로 내려주자마자 후다닥 달려가 장난감을 집어 든다. 첫째에게 먹으면서 보라고 수시로 독촉하면서, 둘째가 먹었던 걸 치운다. 그러고 나서 나도 밥 한 숟가락을 뜬다. 아이들과 하루 종일 전쟁을 치르려면 잘 챙겨 먹어야 한다. 밥 한 숟가락 뜨면 둘째는 내 손을 잡아끈다. 먹다, 일어났다를 수차례 하다 보면 밥공기는 텅 비었는데 무얼 먹었는지 모르겠다. 아침을 치우고, 둘째와 놀다 보면 첫째의 태블릿 시청 시간이 끝난다. 그럼 딸아이는 무서운 말을 한다.

미치고 팔짝 뛸 코로나

"엄마 놀자!"

시계를 봤더니 11시밖에 안 됐다. 벌써부터 하루가 길게 느껴진다. 첫째와 놀았다, 둘째를 챙겼다. 앉았다 섰다를 수십 번 하고, 숨바꼭질, 그림 그리기, 레고 놀이, 인형놀이를 줄줄이 한다. 둘째는 꼭 누나 놀이에 참견하려 하고, 나는 중재하느라 정신없다. 엄마의 중재에도 세연이는 소리친다.

"하지 마~하지 말라고! 엄마! 동생 좀 어떻게 해봐!"

결국 강제 연행되어 거실로 끌려 나온 둘째에게 〈뽀로로〉를 틀어 준다. 세윤이는 〈뽀로로〉와 하나가 된다. 잠깐이나마 쉬고 싶어 소파에 털썩 앉았더니 첫째가 외친다.

"엄마~ 빨리 와!"

타이밍 한번 기막히네. 알겠다고 대답하면서도 몸이 말을 듣질 않는다. 결국 시원찮게 반응하는 엄마를 데리러 딸이 출동했다. 이번엔 내가 강제 연행되어, 첫째 옆에 앉는다.

세연이와 놀다 보니 어느새 점심시간이다. 오늘은 또 무얼 먹일까. 냉장실과 냉동실을 뒤지다 냉동만두가 보였다. 이렇게 반가울 수가! 점심은 어찌 해결됐고 이젠 저녁만 해결하면 된다. 점심을 먹고 치우는 동안 애들에게 TV를 틀어줬다. 누나가 〈레이디 버그〉를 보면 동생은 〈뽀로로〉를 보겠다며 싸운다. 설거지하다 말고 애들에게 몇 번이나 가는지 모르겠다.

"세연아! 엄마 설거지할 동안만 동생 〈뽀로로〉 보여주면 안 될까?

엄마 설거지 끝나면 네가 보려던 거 틀어줄게."

뿌루퉁하다 알겠다며 양보하는 7살 첫째. 이보다 고마울 수가 없다. 세연이의 양보로 설거지는 평화롭게 마무리된다. 첫째가 TV를 보는 동안 난 둘째와 논다. 공놀이도 했다가, 탑 쌓기도 거들었다가, 자석 놀이도 했다가, 비행기도 태웠다가, 어부바도 해주다 보면 1시 반이다. 이제 30분만 견디면 둘째의 낮잠 시간이다.

누나가 집에 있어서 그런지 둘째는 낮잠을 자려 하지 않는다. 누우면 거실로 나갔다가 돌아왔다를 반복한다. 내 목소리가 커질 수밖에. "최! 세! 윤!!!!" 세윤이는 끝내 울음을 터트린다. 달래며 재우다 보면 3시다. 한 시간을 실랑이했으니 나도 기진맥진이다. 이제 좀 쉴까 했더니 첫째가 TV를 끈다.

"세연아 좀 더 봐."

"아니. 난 엄마랑 노는 게 더 좋아. 동생 자는 거 기다렸다고."

"엄마 좀 쉬면 안 될까?"

애처롭게 간청했더니, 20분 쉬는 걸로 합의해 준다. 쉬는 중간중간에도 세연이는 "엄마 시간 다 됐어?" "언제 20분 지나?"

그렇게 쉰 거 같지도 않은 20분은 흘렀다. 시간이 되자 소파에서 일어났다. 떨어지지 않는 다리로 부엌으로 갔다. '디카페인 커피' 스틱 하나를 꺼내서 진하게 탔다. 요새 몸이 피곤해서 그런지 카페인이 몸에 받질 않는다. 10년 동안 하루에 커피 세 잔을 마셔도 거뜬했던 난데, 언젠가부터 '커피 멀미'가 온다. 커피 멀미란 말 그대로 커피를 마시면 멀미가 오는 것이다. 어지럽고, 토할 거 같고, 뒷목이 당기고,

숨 쉴 때 답답하다. 그리하여 '디카페인 커피'를 마시게 됐다. 이거라도 음미해야 하루를 버틸 힘이 생기니까. 지금은 더욱.

터벅터벅 걸어 첫째 옆에 앉았다. 첫째와 논 지 한 시간 반 만에 둘째가 깼다. 그럼 나는 오전에 했던 일을 '또' 반복한다. 그러다 보면 저녁이다. 다시 밥을 차리고, 먹이고, 치우고, 목욕 시킨다. 한 시간만 참으면 신랑이 온다. '좀만 버티자!' 그때부터 수시로 시계를 본다. 아이들에게 TV를 보여주면서 신랑의 저녁을 준비하다 보면 도어락 여는 소리가 들린다. 삐삐삐빅! 드디어 왔다!

10시가 되면 아이들에게 양치를 시키고 자리에 눕힌다. 어찌 된 일인지 아이들은 11시가 넘도록 뒹굴거린다. 그 사이 나는 몇 번이나 애

들에게 소리친다. "말 그만!" "한 번 더 말하면 엄마 화낸다!" 우여곡절 끝에 첫째를 재웠더라도 둘째가 남았다. 안방 여기저기를 탐색하려는 둘째를 어르며 재우다 보면 12시. 나의 하루는 이렇게 끝난다. 문제는 내일도 같은 하루가 이어진다는 것. 놀랄 것도, 새롭지도 않은 두 아이와의

똑같은 시간이.

　대체 언제면 이 시국은 끝이 날까. 대체 언제면 다시 일상을 보낼
수 있을까. 아이들이 등원하고 일상이 돌아와야 마음 놓고 웃을 수 있
을 테다. 근데 난 알지 못했다. 이건 서막에 불과했다는 걸.

코로나가 끝날 때까진
힘을 빼기로 했다

수요일마다 글 한 편을 발행하자는 포부는 흔들리고 있다. 코로나의 여파다. 징글징글한 바이러스가 세상을 잠식하기 전엔 나의 일상과 계획은 순조롭게 흘러갔다. 5시에 일어나 필사를 한 후 글을 썼다. 그러다 첫째를 깨우고 등원 시켰다. 오전 일과를 보내다 둘째 낮잠 시간이 되면 둘째를 재우곤 책을 읽고 노트북을 꺼내 글을 마저 썼다. 그 덕에 〈브런치(카카오에서 운영하는 글쓰기 플랫폼)〉에 일주일마다 글을 발행할 수 있었다. 근데 요새는 그러기가 쉽지 않다. 새벽에 일어나는 것도 피곤해서 건너뛸 때가 많고, 둘째 낮잠 시간에 글 쓰던 시간도 홀랑 날아가 버렸기 때문이다. 대신 둘째가 자면 첫째와 시간을 보낸다. 동생의 방해 없이 엄마와 단둘이 놀기를 목 빠지게 기다린 첫째를 싫다고 밀쳐낼 수는 없지 않은가.

가정 보육을 시작한 지가 언제더라. 2월 24일부터니까…… 한 달이 넘었다. 처음엔 혼자서 7살, 3살 아이를 하루 종일 돌봐야 한다는 것이 미치고 팔짝 뛸 노릇이었지만, 슬프게도 사람은 적응의 동물이었다. 시간이 지나다 보니 노하우가 생겼고, 두 아이와의 루틴이 생겼다. 아이들이 깨어 나면 밥을 먹인 후 첫째에게 태블릿을 한 시간 보여준다. 그 사이 난 둘째와 논다. 그러다 첫째의 태블릿 시청 시간이 끝나면 둘째에게 TV를 틀어주고 첫째와 시간을 보낸다. 어쩔 땐 두 아이와 함께 놀기도 한다. 그러다 보면 점심이 되고 저녁이 된다. 어찌어찌 긴 하루는 이렇게 지나가는 것이다.

하루하루가 지날수록 둘째가 낮잠 자면 책을 읽고 글을 쓰던 시간이 그토록 그립다. 낮에 하던 독서를 못하니까 요새 책을 통 읽지 못하고 있기 때문이다. 어떤 책에서는 아이들 TV 볼 때, 한눈팔 때, 밥 먹일 때 틈틈이 독서를 하라고 했지만 내겐 맞지 않았다. 이제 좀 중요한 부분, 재밌는 부분, 집중하고 싶은 부분을 읽으려는데 방해를 받으면 그렇게나 아이들이 미워 보였기 때문이다. 미움이 쌓일수록 미간엔 깊은 주름이 졌고, 목소리는 쉽사리 높아졌다.

그렇다고 새벽 시간에 독서에 비중을 두는 건 또 내키지 않았다. 독서도 독서지만 내겐 글쓰기가 더 우선순위니까. 그러니 겨우겨우 만들어낸 나만의 시간엔 더 중요한 일들을 먼저 해야만 하는 것이다. 글을 쓰는 행위는 엄마의 일상에서 유일한 쉼이자 행복이요, 육아 전선을 버티는 원동력 그 자체니까. 그러나 쓰는 것만이 능사는 아니었다. 내 수준에서 나오는 글은 앙코 빠진 단팥빵처럼 알맹이가 쏘~옥 빠진 듯했다. 생각을 넓혀주고, 깨워주는 책의 중요성을 다시금 깨닫자 무리해서라도 새벽 시간에 독서를 해야겠다고 생각했다.

새벽 독서를 여러 차례 시도할수록 명확히 느낀 한 가지가 있었으니! 체력이 받쳐주지 않으면 의지와 정신은 함께 가지 못한다는 것. 아무리 세수를 하고, 눈에 힘을 주며 노력해봐도 누우면 당장 잠들 머리는 글을 읽는 건지, 글자 모양을 보는 건지 분간을 못했다. 나를 더욱 다그치고 몰아세워봤지만 멍한 머리는 돌아올 줄 몰랐다. 답답한 상황 속에서도 수요일마다 글 한 편은 어떻게든 발행했다. 나와의 약속 때문이었는데, 그게 또 매주는 아니었다. 발행 못할 때면 내 안에선 균열이 일어났다.

오늘이 바로 그런 날이다. 어제와 다를 게 없는 하루의 시작이었다. 다른 점이 있다면 7시 반에 첫째가 울면서 내가 있는 방으로 왔다는 것. 보통 9시 반에서 10시 반 사이에 깨는 딸이 어쩐 일로 일찍 일어났지란 생각보단 '아…… 씨…… 왜 벌써 깨난 건데.'라는 불평이 먼저 나왔다. 첫째는 쉬를 하려는데 무섭다고 했다. 같이 가달란 소리. "너 7살이야. 왜 혼자 못 가!" 한 소리 하고는 이내 아이를 따라 화장실 앞에 섰다. 소변을 보고는 흡족한 표정을 짓던 딸은 세수를 하겠다고 했다. 내 표정은 험악하게 일그러졌다.

"세수한다고?! 더 안 잘 거야? 더 자~ 너 일찍 일어났어!"

"엄마. 나 다 잤어."

하루의 시작이 벌써부터 힘들어지려 하고 있었다. 첫째는 시무룩한 표정을 짓더니 손을 씻다 말고 말했다.

"엄마 왜 그래? 화났어? 표정이 무서워."

얼굴이 달아올랐다.

"어…… 그냥 피곤해서."

아무것도 모르는 아이 앞에서 인상이나 쓰며 땍땍거리는 나는 뭐 하는 짓인지. 아이가 뭔 죄라고 원망하는 건지. 뭐 한다고 글쓰기에 연연해하는 건지. 이럴 바엔 글쓰기를 몰랐던 예전이 낫지 않았을까 라는 생각까지 들었다. 이런 상황이 쌓일수록 애들에게 미안해졌다. 생각해 보면, 난 수요일마다 한 편의 글을 발행한다는 계획으로 마음이 바빴다. 뜻대로 계획을 완수하면 기쁨을, 못하면 죄스러움을 느꼈다. 죄스러운 느낌과 해내지 못했다는 자괴감이 싫어 더욱 꾸역꾸역 오기를 부리며 글쓰기에 집착했다. 문제는 이 시국에도 그 끈을 놓을 수 없었다는 거다. 그럴수록 아이들에게 화를 냈고, 살림하며 짜증을 냈다.

하…… 어쩌란 말이냐. 몇 날 며칠을 고민한 끝에 잠시 힘을 빼기로 했다. 아이들과 있을 때는 육아에 집중하기로. 또한, 매주 수요일에 발행하자는 계획에도 연연해하지 않기로. 나를 지키고, 가정의 화목을 지키기 위해 즐거이 하던 글쓰기가 얼룩진 스트레스로 변질되지 않도록. 그 감정이 아이들에게 흘러가지 않도록. 조금은 느슨하고 여유 있게 나아가 볼 생각이다. 코로나가 끝날 때까진 새벽에 주어지는 시간이나마 사랑하는 일에 집중할 수 있음에 감사하기로 했다. 〈브런치〉 사이트에 접속해서 프로필 화면에 들어갔다. '기타 이력 및 포트폴리오'란을 입술을 깨물며 바라봤다. 이내 프로필 편집 버튼을 눌러 타닥타닥 키보드를 쳤다.

'매주 〈수요일〉 이곳에 글을 올립니다'를

'글을 올리게 되면 〈수요일〉에 발행합니다'로 수정했다.

'흠~' 날숨이 저 깊은 곳에서부터 흘러나왔다. 왼손으로 앞머리를 걷으며 고개를 *끄덕끄덕*거리다가 인터넷 창을 닫았다. 노트북을 접고선 한결 가벼운 마음으로 하루를 시작했다.

위로는 봉지에 쌓여
배달됐다

가정 보육 3주 차던 어느 날 아침. 여느 때처럼 하루를 버티기 위한 나만의 의식을 거행했다. 아이들의 동태를 살피며 손은 바삐 움직인다. 싱크대 상단의 수납장을 열어 원두를 꺼냈다. 에스프레소 블랜드와 모카시다모 원두가루를 반씩 떠서 포터 필터에 담아 탬퍼로 꾹꾹 눌렀다. 포터 필터를 커피머신에 끼우곤 전원을 켰다. 커피머신이 예열되는 동안 비엔나커피에 사용할 생크림을 만들어야 한다. 프렌치프레스(비엔나커피의 생크림 만드는 기구)를 꺼내고, 거기다 설탕을 3티스푼 넣고, 서울우유 생크림을 꺼내 프렌치프레스의 4분의 1을 채웠다. 티스푼으로 휘리릭 섞다 보면 커피머신 준비 표시등엔 녹색불이 켜지는데, 예열이 다 되었단 소리다. 커피 추출 버튼을 누른다. 지~~~~~이이이이이잉거리며 추출은 시작된다.

둘째가 커피 추출 소리에 고개를 획 돌려 내 쪽을 바라봤다. 동시에 나는 고개를 획 돌려 못 본 체했다.

'오지 마라……. 오지 마라…….'

서둘러 프렌치프레스의 뚜껑 손잡이를 위아래로 펌핑했다. 슬며시 어깨너머로 둘째를 봤더니 아기 상어 사운드북을 꺼내 들었다. 휴…… 어서 마무리해야지. 그 사이 커피 향이 집 안을 가득 채웠다. 에스프레소가 컵의 반을 채울 때쯤 커피 추출 버튼을 껐다. 생크림도 요거트 정도로 되직하니 잘 만들어졌다. 에스프레소 위에 생크림을 조심스레 부었다. 둘째가 어느새 내 옆에 왔다. 서둘러야 한다. 역시나 둘째가 나를 부른다. 올 것이 왔다. 애써 못 들은 척 초코 가루를 생크림 위에 뿌려 대미를 장식했다. 완성이다. 한입 마시려는데 아이가 내 손을 잡아끈다. 극한 현장으로 질질 끌려가면서도 악착같이 한입 마신 후 식탁에 내려놨다. 꿀꺽. 생크림의 달짝지근함과 아메리카노의 깊은 쓴맛이 한데 어우러진 비엔나커피는 역시 위안을 준다.

안방에서 두 아이와 놀다 보니 어느새 30분이 지났다. 식은 비엔나커피를 마시니 기분이 추욱 처졌다. 우울이 급물살로 밀려왔다. 더 이상 내가 만든 비엔나커피론 위로되지 않았다. 아침 10시도 안 됐는데 몸뚱어리는 땅을 향해 푸~욱 꺼졌다. 하루를 어찌 버틴담. 나 몰라를 외치며 방문 닫고 들어가 드러눕고 싶었다. 근데 그게 어디 가능한 일인가 말이다. 내 몸은 나만의 것이 아니었다. 내겐 돌봐야 할 두 아이가 있다. 그 녀석들은 나를 전적으로 의지하는 추종자다. 내가 드러눕는다면 추종자들은 순식간에 몰려와 옷을 잡아끌며 목청을 높일 거다.
'엄마~ 일어나~~ 일어나~~~'
놀아주진 못할망정 기저귀는 갈아줘야 하고 밥은 차려줘야 하므로 기운 내기로 한다. 뭔가 한 것도 없이 앵꼬가 난 몸은 아우성친다.

"집에서 만든 5% 부족한 비엔나커피 말고!! 제대로 된 비엔나커피를 달라! 달라!"

뭔가에 홀린 듯 배달의 민족을 켜서 비엔나커피가 배달되는지 검색했다. 신문물에 익숙지 않은 나는 심봤다를 외쳤다. 있다! 있어! 비엔나커피도 배달된다니!!! 근데 문제가 하나 있었으니, 최소 주문 금액을 넘어야 배달된다는 것. 대체로 커피숍들은 최소 주문금액이 12,000원이었다. 비엔나커피 한 잔이 필요할 뿐인데, 그거 하나 마시자고 그 이상으로 돈을 쓰는 게 내키지 않았다. 씁쓸한 미소를 지으며 화면을 아래로 내리던 그때! 내 눈은 땡그래졌다. 최소 주문금액이 5,000원인 곳을 찾은 것이다. 이게 무슨 큰일이라고 벌떡 일어나 기쁨의 댄스를 춘담.

리뷰까지 착하니 더 검색할 것도 없이 이곳으로 정했다. 나의 구세주 커피숍 보아(Voa)는 하물며 '비엔나커피'가 대표 메뉴다. 주문에 실패하지 않으리란 확신이 섰다. 따뜻한 비엔나커피 한 잔의 가격은 5,800원. 성에 차지 않아 사이즈 업했다. 온 집안을 쑥대밭으로 만들고 있는 아이들에게 먹일 커피콩 빵도 한통 추가했다. 배달 팁까지 다하니 13,150원. 방금 전에 커피 한 잔 마시려고 12,000원을 쓰는 게 내키지 않다고 말한 사람은 어딨지?! 최소 주문 금액을 맞추려 꾸역꾸역 선택하는 것이 아닌 내가 원하는 메뉴를 고르며 자연스레 가격이 넘는 상황은 이상하게 수긍됐다. 이 논리는 대체 뭐람. 어쨌든 결제 버튼을 눌렀다. 카톡! 카톡! 메시지가 울렸다.

'고객님의 주문이 약 48분 후에 도착할 예정입니다.'

48분이라…… '이렇게까지 해서 먹어야 해?!'

4km나 떨어진 커피숍에서 주문한 내가 한심스러웠다. 그치만 난 하루를 버틸 동력이 필요했으므로 제대로 된 비엔나커피가 절실했다. 비엔나커피 한 잔 마시자고 아이 둘을 데리고 코로나로 시끌한 바깥 세상을 거닐 순 없는 노릇 아닌가.(당연히 두 아이와 나가는 것도 험난하다)

'뭐 어때! 매일 이렇게 주문하는 것도 아니고 가끔인데!'

복잡하게 생각하지 말자며 나를 채근했다. '띵~~~~동' 주문한 지 20분도 안 돼서 초인종이 울렸다. 설렘은 봉지에 쌓여 배달됐다. 봉지 안을 들여다봤다. 컵 캐리어 한쪽엔 커피콩 빵이 투명 컵에 담겨 있었고, 한쪽엔 비엔나커피가 위생 비닐에 싸여 있었다. 짧지 않은 거리를 이동하다 보면 넘칠 수 있으니 그걸 대비한 사장님의 센스인가 보다 생각했다. 봉지를 열어 컵을 든 순간 눈물이 핑 돌았다. 컵엔 노란 포스트잇이 붙어 있었다. 한 글자 한 글자 꾹꾹 눌러쓴 사장님의 메모였다.

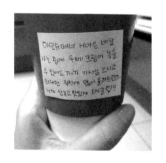

'아인슈페너(비엔나커피) Hot은 배달 가는 중에 위에 크림이 녹을 수 있어요. ㅠㅠ 기사님 오시고 최대한 직전에 많이 올려드렸으니까 안 녹고 맛있게 드시길♡!!'

이게 뭐라고 눈물이 핑 돈담?! 이건 마치 내가 힘들게 가정 보육하는 걸 알고 있으니 힘내라는 응원 같았다. 가정 보육으로 체력과 정신이 뚝뚝 떨어지는 게 무섭도록 실감 나는 요즘, 타인이 건넨 작은 배려가 이토록 뜨겁게 마음을 어루만져 주다니. 커피숍 사장님은 알까? 사장님의 작은 배려로 몸도 마음도 곯아 터지기 일보 직전인 한 엄마는 하루를 버틸 힘을 얻은 것은 물론 크나큰 위로까지 듬뿍 받았다는 걸. 이쁜 마음이 담긴 비엔나커피를 한 모금 한 모금 마실수록 체력 게이지는 10씩 쭉쭉 채워졌다.

나는 없다.
아무 데도 없다

오늘도 다를 게 없는 하루는 시작됐다. 전주와 달라진 걸 굳이 꼽으라면 자포자기다. 이젠 모르겠다. 다 귀찮고, 다 지겹다. 다른 엄마들도 이럴까? 아님 내가 너무 구닥다리인 걸까? 나도 보기 좋게 잘 해내고 싶고, 이 시간을 빌어 아이들과 잘 지내고도 싶다. 근데 가정 보육 5주 차가 되니, 오늘 같은 하루가 언제까지 이어질지 알 수 없다는 게 목을 조른다. 그럴수록 화는 주체가 안 되고, 그대로 아이들에게 짜증을 낸다. 목소리를 높일 때마다 아이들은 더욱 치근덕거리며 다가오는데 그게 더 힘겹다. 첫째는 눈치 보느라 엄마엄마, 둘째는 내품에 안기려고 엄마엄마. 하루에 엄마라는 소리를 몇백 번이나(아니. 몇천 번일지도 모른다) 듣는지 모르겠다. 이젠 지겹다 못해 가슴이 파헤치듯 아프다. 매 순간이 위태롭다.

그 와중에도 할 것은 해야 한다. 가장 시급한 일은 첫째의 학습지다. 내년이면 첫째는 초등학교에 입학한다. 내년이라고 말하기도 그렇다. 이제 고작 3일도 안 남았으니까. 아이가 학교 교육과정을 따라

가기 위해선 한글을 떼야 하고, 더하기 뺄셈까지도 익혀야 한다. 세연이는 아직 한글을 떼지 못했고, 수학도 힘들어한다. 이제 곧 초등학교에 입학하는 데 큰일이다. 지금 당장 학원에 보낼 수도 없으니, 지금으로선 학습지가 유일한 지지대다. 아이가 입학해서 덜 힘들었으면 하는 마음에 학습지만큼은 빼먹지 않고 하루의 할당량을 채운다. 아이 역시 밀리면 고달파진다는 걸 알기에 밍그적밍그적거리면서도 해나간다. 옆에서 어르고 달래는 나는 진이 빠지지만 아이와 내가 시간을 들인 만큼 한글이 늘었다. 이거면 됐다. 느리지만 지금처럼만 나아진다면 더는 바랄 게 없다.

  오늘 역시 학습지를 해야 한다. 점심시간이 지난 후 첫째에게 말했다.
  "세연아! 우리 약속했지? 태블릿 한 시간 봤당! 이젠 구몬 할 시간이야!"
  세연이는 아직도 영혼 탈출이다. 내 말은 들리지도 않나 보다. 다시 한 번 힘을 주어 말하지만 아이 귓등에 미치지도 못한다. 세네 번 말하다 보면 목소리는 커지고야 만다. "최! 세! 연!!!!" 첫째는 놀라 눈을 끔벅끔벅 거리고, 둘째는 벼락같은 소리에 후다닥 달려온다. 어찌나 애절한 눈빛으로 안아달라고 하는지 모른다. 첫째의 학습지를 책상에 내어주고 둘째를 안는다. 훼방꾼이 된 둘째. 견지해야 한다. 역시나 내 손을 잡고 놀아달라고 한다. 반응이 없자 둘째는 징징거린다. 옆에서 첫째도 "엄마…… 모르겠어…… 엄마…… 엄마……"

또 엄마 부름의 시작이다. 사방팔방에서 내 어깨를 잡고 세차게 흔드는 것만 같다. 머리에선 경보등이 울리기 시작한다. 애~~애애앵! 한 번만 더 신경을 건들었다가는 광년이가 될 것만 같다. 온몸이 움찔움찔하다. 위기의 순간이다. 괴성을 질러버릴까. 잡히는 대로 때려 부숴버릴까. 끓어오르는 화를 어떻게 참아야 하는 걸까. 지금껏 읽었던 육아서와 오은영 박사의 영상이 머릿속에서 어지러이 날아다닌다. 그 중에서도 한 문장이 머리 정중앙에 박혔다.

'부모의 욱은 아이의 감정 발달을 방해하고, 부모와 자녀의 관계를 망치며, 아이의 문제 해결 능력도 떨어뜨린다.'

나 역시 잘 알고 있다. 참아야 한다는 걸. 근데 이의를 제기하고 싶다. 몇 날 며칠 숨 막히는 상황에 놓인 엄마가 어떻게 감정을 조절할 수 있을까?! 내가 돌아버리기 일보 직전인데?! 나도 사람이다! 누가 대답 좀 해줬으면 좋으련만 알려주는 이 하나 없다. 7년 동안 엄마로서 부딪치고 깨지며 얻은 깨달음이 지금 상황에서 어떻게 행동해야 하는지를 어슴푸레 알려줄 뿐이었다. 그 깨달음이란 화를 내면 더 안 좋은 상황이 일어난다는 것이다. 화를 낸 후 나는 더 괴로워했고, 자책했다. 결론이 나왔다. 심호흡을 한 후 이를 악 물었다. 상황을 하나하나 처리하기로 했다. 세연이를 바라보며 말했다.

"숫자를 입으로 세면서 읽으면 빈칸에 어떤 숫자가 들어갈지 알 수 있잖아. 51, 52, 53, 54, 55, 55 다음이 뭐야?"

둘째에게도 말했다.

"최세윤! 지금 누나 공부 중이야! 누나 공부 끝나면 놀아줄게."

첫째는 눈치를 보며 56을 학습지에 적었다. 아이들도 안다. 엄마의 목소리에 힘이 들어가고, 미간에 주름이 잡혔으니 엄마가 화나 있단 걸. 여기서 더 건들면 엄마는 소리 지를 거란 걸. 나 역시 안다. 아이들이 무서워한다는 걸. 놀랐을 아이들의 마음을 토닥여줘야 한다는 걸. 그 사이에 치솟던 화는 누그러졌지만 경보등은 멈추지 않고 울려댔다. 어서 아이들을 공감해 주라고. 머리론 이미 하고 있었다. 마음과 입이 따르지 않았을 뿐…… 더 이상은 못하겠다. 화를 내진 않았으니 이 정도면 훌륭하다 여기기로 한다. 감정이 치닫는 순간을 잘 이겨냈다며 스스로를 다독였다.

'이 정도면 잘했어.'

극한의 화를 참다 보니 진이 빠진다. 오늘도 얼마나 참아야 할까. 벌써부터 마음이 너덜너덜하다. 이 세상의 모든 엄마들이 존경스러우면서도 가엾다 생각했다. 나를 둘러싼 모든 것이 슬로모션으로 움직인다. 첫째는 학습지를 끝내고 다시 태블릿을 꺼냈고, 둘째는 내 손에 장난감을 쥐여준다. 오늘도 밥을 차리고, 설거지를 하고, 아이와 놀다가 투닥거리다가 하면서 하루는 끝나겠지. 대체 언제까지 전쟁과 같은 하루는 이어질까. 얼마나 더 버텨야 하는 걸까. 그냥 어린이집에 확! 보내버릴까. 오만가지 생각이 머리를 휘젓는다.

난 분명히 여기 있는데, 여기 없다. 아무 데도 없다.

4차 대유행의 문턱에서

첫째 등교 준비를 한창 하고 있는데, 씻고 나온 신랑이 말했다.

"오늘도 확진자 1,000명 넘을 거 같던데?"(2021년 7월 7일)

화들짝 놀란 나는 첫째 아침을 차리다 말고 핸드폰을 집어 들었다. 액정을 확인한 후 눈이 튀어나오는 줄 알았다. 이미 어제 확진자 수가 1,212명이었던 것! 차차 진정되는 줄 알았는데, 마른하늘에 웬 날벼락인가! 사실 그동안 확진자 수를 외면했었다. 아니, 더 정확히 말하면 외면했다기 보단 신경을 안 썼다. 확진자 수를 마지막으로 확인한 건 대략 4달 전이다. 어느 정도 안정세에 접어들면서 보지 않은 이유도 있지만 그것보단 근 1년간 확진자 수를 확인하는 것에 이골이 났기 때문이다. 더 이상은 확진자 수를 확인하며 희망과 절망 사이를 오가고 싶지 않았다.

코로나 확진자가 1,000명을 넘은 건 올해 1월 3일(1,020명) 이후 6개월 만이라고 한다. 아마 2~3일이 지나도 1,000명대를 유지한다면 정부는 사회적 거리 두기를 격상할 테다. 벌써부터 심란하다. 키즈카페에 못 가도, 놀이공원에 못 가도, 외식을 못해도 괜찮다. 1년 동안 자제하다 보니 달관하기도 했거니와, 나가서 피곤한 일(밀접 접촉자가 되어 코로나 검사를 받고, 자가격리 하는 일)을 만들어 마음앓이를 하고 싶지도 않기 때문이다. 그저 지금처럼 두 아이를 기관에 보내고 엄마의 일상을 보낼 수만 있다면 더는 바랄 게 없다.

코로나가 발현한 1년 사이 세연이는 초등학교 1학년이 됐다. 1년 전만 해도 앙증맞은 어린이집 가방을 메던 아기였는데, 지금은 자기 덩치만한 책가방을 메고 등교한다. 책가방 하나 바뀌었을 뿐인데 그새 성큼 자란 느낌이다. 이젠 어린이 티가 제법 난다. 초등학생이 된 딸은 자기 취향이 명확해졌다. 아침마다 옷 때문에 싸우는 것이 대표적이다. 내가 들고 온 옷이 마음에 들면 그날 아침은 평온히 흘러가지만, 마음에 들지 않으면 그 순간부터 신경질이 난무하는 아침으로 치닫는다.

"아침마다 싸우지 말고, 자기 전에 꼭! 옷 골라놓자!"라고 딸에게 말하면서도 난 왜 매번 까먹는 걸까. 오늘은 잊지 말아야겠다고 다짐한다. 열 번 중에 여덟 번은 "옷이 어떻네, 머리 스타일은 어떻네, 양말은 어떻네" 지적하면서도 아빠와 문을 나설 때면 "엄마 사랑해!"를 잊지 않는 딸. 어쩔 땐 미니하트까지 발사한다. 그럴 때면 방금 전에 화냈던 게 무색해진다. 학교를 마치고 집에 돌아오는 길엔 오늘 학교에서 있었던 일, 선생님에게 혼난 친구, 점심에 맛있게 먹었던 반찬에 대해 쉬지 않고 재잘거리는데, 그 순간에 아이의 눈은 반짝거린다.

둘째는 어린이집 2년 차가 됐다. 이젠 제법 위풍당당하게 어린이집을 향할 줄 안다. 집을 나가기 전엔 방금까지 놀았던 빨간 버스를 제자리에 갖다 놓으며 작별 인사를 하고, 집에다가 안녕!이라며 손을 흔든 후 만족스런 표정을 지으며 현관문을 향한다. 그러곤 신발을 신겨달라는 제스처를 취하는데, 상전이 따로 없다. 골목을 걷다가 오토바이가 지나가면! 부우웅~웅! 소리를 내고, 자동차가 지나가면 부릉~부릉! 하며 흉내 낸다. 특히 아이가 좋아하는 순간은 음식물 쓰레기 수거 차량을 발견할 때다.

자기보다 큰 음식물 쓰레기통이 기계로 올려지고, 뒤집히고, 쏟아지는 걸 보며 1차 흥분을 하고, 소형 호수에서 뿜어져 나오는 물줄기가 거꾸로 뒤집힌 쓰레기통 내부를 헹굴 때면 2차 흥분을 넘어 탄성을 지른다.

"우아! 우아!"

이 광경을 어쩔 수 없이 보게 되는 엄마마저도 차의 기능이 신박하다 여겨지는데, 아이는 오죽할까. 모든 게 신기한 4살 아이는 차가 멀어지는 걸 지켜보는 걸로도 부족해 사라질 때까지 바라보다가 완전히 사라진 후에야 발을 뗀다. 볼 거 다 보고 기분 좋아진 아이는 어린이집에 들어갈 때 뒤도 돌아보지 않는 쿨함을 발휘한다.

집으로 돌아온 나는 사방으로 흩어진 이불부터 정리한다. 창문도 활짝 열어 속 시원히 환기도 시키고, 방바닥에 어질러진 장난감도 정리한다. 그러고 나서 커피머신에서 커피를 내린다. 그윽한 커피향이

팬데믹? 엄마니까 버텨봅니다!

코끝을 간지럽힐 때쯤 초코 가루와 초코시럽을 컵에 넣고, 갓 내린 에스프레소 원샷을 거기다 섞은 후 얼음을 넣고 우유를 채워주면 아이스 카페모카가 완성된다. 생크림이 빠져서 아쉽지만 건강을 생각해서 웬만하면 안 넣고 있다. 최애 커피를 식탁 한쪽에 내려놓고선 노트북과 책을 들고 와 그 옆에 펼친다. 이제 나만의 세계로 떠날 시간이다. 그전에 카페모카를 음미하는 걸 잊어선 안 된다. 꿀꺽! 캬~, 이 여유와 행복 어쩌란 말이냐.

노트북이 켜지면 나만의 세계에 입성한다. 지금부턴 아무도 방해하지 않는 시간이다. 일찍이 버지니아 울프는 말했다. 여성으로서 자기만의 방을 쟁취해야 한다고! 여기서 내 의견을 살짝 보태면 특히 엄마에겐 더 필요하다고 생각한다. 근데 엄마들이 자기만의 방을 갖기란 어디 쉬운 일인가. 여기서 의미하는 자기만의 방은 '공간'으로서의 방을 말한다. 즉 방이 아니더라도, 나만의 공간을 의미하는 것이다. 《올드걸의 시집》의 은유 작가님은 김칫국물 닦으며 글을 썼던 식탁이, 《아이가 잠들면 서재로 숨었다》의 김슬기 작가님은 다리를 구부리고 앉아 책을 읽던 한 평이 그녀들만의 공간이었다. 내겐 식탁과 화장대가 그러한 공간이다. 그곳에서 글을 쓰고, 책을 읽는다.(이 글도 화장대에서 쓰고 있다)

이 공간이 없었다면 엄마로 견디지 못했을 거다. 나만의 공간에서 비로소 자유의 문이 열리면, 엄마와 아내의 역할은 내려놓고, 나 자신이 된다. 내가 하고 싶은 대로 책을 읽고, 멍을 때리고, 게으름을 피워도 뭐라 할 사람은 없다. 완벽한 자유다. 아이들의 방해 없이 샤워할 때는 또 어떤가. 따스한 물줄기에 유유히 몸을 맡길 때면 불안과 푸념을 스르르 흘려보내게 된다. 굳었던 마음이 풀어지고 이완되는 이 시간. 엄마의 역할을 내려놓는 이 시간이 내겐 너무나도 소중하다.

다시 가정 보육을 하게 된다면, 표정에선 화색이 사라지고, 싱글생글함도 저물 것이다. 즐거이 각자의 하루를 보내던 우리는 연기처럼 사라지고, 짜증으로 얼룩진 자신을 만날 테다. 눈동자가 사막처럼 메말라 버린 자신을. 주위에서 조금만 신경을 건드리면 폭발하는 자신을. 야수처럼 날카로운 이빨과 손톱을 드리우며 아이를 위협하는 자신을 마주하게 될까 봐 벌써부터 심란하다. 학교를 다녀온 후엔 싱글벙글한 첫째, 어린이집에서 나오면 부리나케 놀이터로 달려가는 둘째, 아이들을 보내고 엄마의 일상을 보내는 나. 모든 게 제자리를 잡고 돌아가는 지금. 다시는 아이들과 종일 집에 갇혀 있지 않길. 일상의 뭉그러짐이 일어나지 않길 기도해본다.

첫째 학교에
밀접 접촉자가 생기다

2021년 7월 2일부터 7월 5일까지 확진자 수는 700명대다. 이 정도면 마음 졸이지 않아도 되는 수치다. 코로나 시국 중에 700명대는 자주 있었고, 오를 듯하다가도 줄어드는 상황은 많았기 때문이다. 느슨하던 긴장의 끈이 바싹 조여올 때는 확진자 수가 800명대 후반에서 900명대를 넘어갈 때부터다. 900명대를 웃돌면 정부도 거리 두기 격상에 대해 언급하고, TV나 인터넷에서도 엄청난 양의 기사가 쏟아진다. 여기저기서 대유행의 초입임을 경고할 때면, 불안해하지 않으려야 않을 수가 없다.

지금까지의 대유행은 확진자 수가 서서히 늘었다. 완만히 올라가는 그래프처럼 두려움도 점차 고조되었다. 그러나 4차 대유행은 달랐다. 746명(7/5)에서 1,212명(7/6)으로 확진자 수는 껑충 뛰어 올랐으니까. 믿을 수 없는 상황이었다. 어떻게 이럴 수가 있지? 전문가들은 여러 원인을 꼽았지만, 그중에서도 '델타 변이 바이러스'에 무게를 실었다. '델타 변이 바이러스'는 인도에서 처음 확인된 코로나 바이러스로, 기존의 바이러스보다 전파력이 60% 강하기에 그만큼 치명적이다.

4차 대유행의 한복판인 수도권에선 델타 변이 바이러스는 매우 빠르게 확산되고 있다. 글을 쓰는 지금은 이미 기존 바이러스보다 델타 바이러스가 2배 이상 검출되고 있다는 데 말 다했다. 이틀째 확진자 수는 1,000명대 아래로 내려가지 않고 있다. 주변 모두가 뒤숭숭하고, 나 역시도 마음이 어수선하다. 이 정도 수치면 우리 집 근처에도 확진자가 발생하는 건 시간문제다. 하루하루가 조마조마하다. 그러던 7월 8일, 첫째의 초등학교에서 공지가 왔다. 〈코로나19 관련 사항 안내〉라는 제목이었다. 평소에도 자주 보는 제목이었기에 당연히 방역 수칙에 관한 내용이겠거니 생각했다. 공지를 무심히 눌러 넘기려던 그 찰나! 그 찰나에 난 무언갈 보았다. 내가 잘못 봤겠거니 여기고 싶었지만, 확인을 안 할 수가 없었다. 공지를 다시 눌렀다.

밀접 접촉자.
전원 귀가 조치.

잘못 본 게 아니었다. 눈동자가 흔들렸다. 핸드폰을 얼굴에 바싹 갖다댄 채 한 글자 한 글자 유심히 읽었다. 6학년 4반에 코로나 확진자와 밀접 접촉한 학생이 있다는 공지였다. 4교시 수업 중 보건소로부터 A학생이 확진자의 밀접 접촉자임을 통보받았다고 한다. A학생은 즉시 귀가했고 선별 검사를 받았으며, 같은 반 학생들도 전원 귀가 후

자택 대기 중이라고 했다. A학생의 결과에 따라 6학년 4반 학생 전원은 코로나 검사를 받게 됨을 알렸다.

공지가 온 시간은 오후 2시경이었다. 당장 내일 풀무원 주부모니터 활동으로 서울에 나가야 하는 나로서는 머리가 아프기 시작했다. 가야 돼? 말아야 돼? 6학년과 1학년의 건물은 달랐다. 심지어 거리도 있었다. 그럼에도 첫째와 같은 학교의 학생이란 사실만으로도 움직이는 게 꺼림칙했다. A학생의 결과를 알지 못한 상황에서 움직였다가 일이라도 커지면 어떻게 되는 거지? 혹여나 생각지도 못한 A학생과의 연결고리로 인해 나나 우리 아이들이 코로나 무증상자라면? 그것도 모른 채 이곳저곳을 이동한다면? 그래서 풀무원 본사의 수많은 사람에게 민폐를 끼치게 된다면? 생각은 멈추지 않고 멀리까지 뻗어갔다. 나 하나로 인해 많은 사람에게 누를 끼친다는 사실이 무엇보다 무서웠다.

한숨만 푹푹 쉬고 있던 중에 놀라운 소식을 접했다. 6학년 4반 학생 중에 우리 딸과 같은 공부방에 다니는 학생이 있다는 얘기였다. 어쩜 이럴 수가! 생각이 더 복잡해졌다. 더욱 움직임에 주의해야 했다. 지금의 걱정을 말끔히 씻어줄 방법은 A학생의 결과였다. 제발…… 음성이기를……. 오후에 검사했으면 빠르면 당일 저녁, 늦어도 내일 아침에는 결과가 나올 테니 움직임을 조심하며 기다리기로 했다. 늦은 저녁이 되어도, 잠들기 전에도 학교에서는 아무런 공지가 없었다. 내일 아침을 기약하며 눈을 붙였으나, 잠은 쉬이 오지 않았다. 오만가지 생각을 하다 보니 어느새 새벽 1시였다. 잠을 자려 안간힘을 쓰며 어렵사리 잠이 들었다.

여느 때처럼 7시에 맞춘 알람은 울렸다. 다시 아침이다. 핸드폰엔 아무런 공지가 없다. 일단 첫째를 깨우고 등교 준비를 시켰다. 그때까지도 결과에 대한 공지는 없었다. 당장 세연이를 학교에 보내야 할지 말아야 할지 확인하는 게 급선무였다. 그제야 담임선생님께 전화 드렸다.

"선생님! 저 세연이 엄마에요. 다른 게 아니고요. 저희 애가 다니는 공부방에 6-4 학생도 있다는데, 그럼! 저희 애는 등교 어떻게 해야 하는 거죠?"

선생님도 당황하셨는지 교무실에 확인하고 바로 연락 주겠다며 다급히 전화를 끊었다. 핸드폰을 내려놓기가 무섭게 벨이 울렸다.

"어머니! 세연이 등교시켜도 돼요. 세 다리 걸쳐서까진 격리할 필요는 없다고 하네요. 일단 A학생이 양성이면, 6-4 나머지 학생들이 코로나 검사를 하게 돼요. 그중에 양성인 아이들에 한해서만 동선 확인하며 연관된 사람들이 검사를 받게 돼요."

그제야 초조하던 마음이 풀렸다. 전화를 끊자마자 늦장 부리는 딸에게 어서 등교 준비하라고 소리쳤다. 다시 일상의 복귀다! 아이는 평소처럼 책가방을 메고 집을 나섰다. 나 역시 풀무원 주부모니터 활동을 위해 외출했다. 고속터미널역을 지날 때쯤 A학생이 음성이라는 공지가 왔다. 꺼림칙하게 숙덕거리던 마음이 완전히 놓였다.

우리가 속한 집단에 밀접 접촉자가 생긴 일은 결코 가볍지 않은 일이었다. 무엇이든 조심하는 게 중요한 지금은 더욱 그랬다. 만에 하나 A학생이 양성이었다면 세 다리 걸쳐서긴 해도 우린 자발적 격리를 했을 테다. 주의해야 할 인물이 한명에서 6학년 4반 전체로 퍼졌으니까. 그리고 그 중엔 우리 딸과 같은 공부방에 다니는 학생도 있었으니까. 무엇보다 잊어선 안 될 중요한 사실은 초등학생은 초등학교 주변에 사는 법! 그리고 근처에서 생활하는 법이다. 그만큼 우리와 연관될 가능성은 커진다는 소리다. 같은 학원에 다니든, 같은 태권도장에 다니든, 같은 문방구, 편의점, 동네 마트, 미용실에 다녀왔을지도 모르는 일인 것이다.

이런 나를 두고 유난이라고 말하는 이도 있다. 일어나지도 않은 일 가지고 걱정부터 한다고. 나 역시 스스로를 피곤하게 만드는 게 아닐까란 생각도 들었다. 그러나 난 보았다. 지금까지 무증상 확진자로 다른 이들을 전염시킨 수많은 사례를. 그러니 내게 일어나지 않을 일이라 치부하긴 이른 게 아닐까. 만에 하나라도 일어날지도 모르는 일이라면 조심하는 게 마음이 놓인다. 다행스럽게도 A학생이 '음성'이라 더 이상의 걱정거리는 사라졌지만, 지금 이 순간에도 나와 비슷한 상황으로 고민하는 사람들이 얼마나 많을지 가늠해보았다. 더 나아가 자가격리를 하는 사람들과 확진자로 괴로운 시간을 보내고 있을 사람들의 하루하루는 어떨까? 그 상황이 얼마나 답답할까. 얼마나 마음 앓이를 하고 있을까. 가벼운 에피소드였을지라도 크게 염려했던 나는 아주 조금은 짐작할 수 있을 것도 같았다.

걱정에서 벗어난 가벼운 마음과 힘든 시간을 보내고 있을 사람들을 생각하는 무거운 마음이 뒤엉키자 숙연해졌다. 거리낌 없이 자유롭게 바깥 이곳저곳을 이동하는 나, 내 앞으로 웃으며 지나가는 여자들, 의자에 앉아 스마트폰을 보는 사람들, 버스를 기다리는 사람들. 무탈하게 일상을 보내는 그들이 오늘따라 남달리 행복해 보였다. 나 역시 풀무원 본사에 당당한 발걸음으로 들어가 제품을 수령했다. 이제 남은 일은 씩씩하게 하루를 마저 보내는 일이다. 이동의 자유를 얻은 만큼 불안하지만, 방역 지침을 준수하며 생활하는 거 외엔 내가 할 수 있는 일은 없었다. 나도, 우리 아이들도, 신랑도 결과 하나에 울고 웃던 날이 그렇게 지나가고 있었다.

사회적 거리 두기 4단계라니!
등교 중단이라니!

정부가 사회적 거리 두기를 4단계로 격상한다고 발표했다. 결코 일어나지 않을 줄 알았던 일이 코앞에 쾅! 하고 떨어졌다. 어떻게 2단계에서 4단계로 껑충 뛰는 상황이 일어난단 말인가. 4단계로 격상한다는 속보를 접한 후 가슴이 징건하게 얹힌 듯했다. 등교 중단만은 일어나지 않길 바랐지만, 초등학교에선 다음 주부터 1학년도 원격수업으로 대체된다는 공지를 신속하게 보내왔다. 이런…… 등교 중단만은 일어나지 않게 해달라고 빌었던 며칠 전의 기도는 씨알도 안 먹혔나 보다. 앞에 펼쳐진 모든 풍경이 회색빛으로 변했다. 내 옆을 지나가는 여성의 얼굴엔 그늘이 드리운 듯했고, 마트 직원들의 표정은 비통해 보였다. 나 역시 표정이 말이 아니었을 테다. 웃음이 쉬이 나오지 않았으니까.

그렇다면 4단계는 어떻게 바뀌는 거지? 마지막 카드만은 잿빛으로 물들지 않길 바라며, 애타게 인터넷을 뒤졌다. 내용을 정리하면 이랬다. 오후 6시 기준으로 그전엔 4명, 그 후엔 2명까지만 모일 수 있었고, 대중교통은 저녁 10시 이후로 20% 감축 운행되며, 결혼식과 장례식은 친족으로만 49명까진 허용하고 있었다. 그럼…… 나의 마지막 카드 태권도장은 어떻게 되는 걸까? 오후 10시까지는 6m²당 1명으로 제한하여 운영할 수 있었다. 하루 종일 아이에게 시달릴 자신이 없는 내겐 실로 반가운 소식이었다.

여태 3번의 단기·장기 가정 보육을 겪어보니 가정 보육이 얼마나 고된지 안다. 엄마가 마음을 다잡는 만큼 무너지는 시간. 씻는 것도, 먹는 것도, 급기야 숨 쉬는 것조차 맘 편히 할 수 없는 시간. 그렇기에 아이가 외출하는 한 시간의 유무는 엄청난 것이다.

우리 동네에 확진자가 뜨지만 않는다면 태권도장은 보내야겠다고 생각했다. 그러나 확진자 수가 계속 늘고 상황이 진정되지 않는다면 이 생각은 보류되겠지만.

내 옆에서 아무것도 모르고 재잘거리는 첫째는 엄마가 이토록 고민하는 줄 알고 있을까. 헤실헤실 거리며 수다 떠는 첫째를 보고 있자니 마음이 편치 않다. 올해 1학년은 운 좋게도 입학식이 진행됐고, 전원 등교도 했다. 교실은 박작박작했고, 아이들은 새로운 친구를 사귀며 즐거워했다. 비록 예전처럼 자유롭게 친구와 손잡고 놀 순 없었지만, 엄격한 규율 안에서도 아이들은 나름대로 친구를 사귀었다. 솔직히 등교하기 전엔 걱정했다. 친구와 거리를 두고 앉아야 하고, 자유로이 말도 건네지 못하는 상황을 첫째는 받아들이며 적응할 수 있을까. 책가방을 메고 등교하는 아이의 뒷모습을 보며 번번이 생각했다.

한 달 정도 지나니 딸은 집에서 친구 이야기를 했다. 어떤 친구를 사귀었고, 우리 집에 초대하고 싶은 친구는 누구며, 태권도장에 같은 반 친구가 다니기 시작했다고. 아이를 등교시킬 때나 하교 시킬 때마다 세연이에게 인사하는 친구의 얼굴은 매번 달랐다. 화기애애하게 서로를 바라보는 모습을 볼 때면 염려로 꽁꽁 얼었던 마음은 스르륵 녹았다.

그런데, 원격수업이라니⋯⋯. 당장 다음 주부터 닥치게 될 원격 수업이 얼마나 엄청난 일인지 우리 딸은 알기나 할까. 하루아침에 친구를 만나지 못하는 아이가 안됐다. 나 역시 말로만 듣던 원격수업이 두렵다. 특히 저학년일수록 원격 수업 때문에 아이와 많이 싸운다던데⋯⋯ 나라고 다를까.

아이 입장에서 생각하면 그럴 만도 하다. 뛰어놀기도 모자란 판국에 오전 내내 컴퓨터 앞에 앉아 있으려면 얼마나 좀이 쑤실까. 그나마 학교에서는 친구들이 가만히 앉아 선생님 이야기를 들으면 눈치껏 따라 하지만, 집이란 공간이 어디 그런가. 원격 수업 내내 반듯하게 앉아 선생님 말을 따르는 아이는 몇이나 될까? 아니 있기나 할까? 만약 있다면 그 아이는 엄마가 옆에서 매의 눈으로 지켜보거나, 혼났기 때문일 것이다.

보통의 아이들은 무료함에 팔다리를 배배 꼬거나 엎드려 딴짓을 한다.(우리 딸이 그렇다) 그럴 때마다 엄마는 옆에서 타이르겠지. 세네 번 말해도 귓등으로 들으면 엄마의 목소리는 커질 수밖에. 근데 여기서 문제가 있다. 머리가 제법 큰 아이들은 엄마의 말을 곧이곧대로 들

지 않는다는 것. 얼마나 따박따박 말대꾸하는지 모른다. 그러니 엄마
들은 주의해야 한다. 드라마에서 뒷목 잡고 쓰러지는 일이 내
게도 일어날 수 있다는 걸. 휴.

어제까지만 해도 여름방학을 디데이 새던 나였다. 그날이 다가올
수록 마음의 준비를 하고 있었는데 갑자기 2주나 앞당겨질 줄이야. 아
이와 지지고 볶는 시간이 한 달도 아닌 한 달 반이나 될 줄이야. 우울
한 소식은 여기서 끝이 아니다. 코로나 상황에 따라 개학이 연기될 수
도 있고, 개학하더라도 원격 수업으로 대체될지도 모른다. 나는 나대
로 막막하고 아이는 아이대로 답답하다. 피하고 싶어도 피할 수 있는
상황이 아니므로 그저 바랄 뿐이다. 부디 아이와 덜 험난하기를. 내
말을 전적으로 따라주는 건 기대도 안 하니까, 그저 덜 싸우기를. 그
리고 이 기간이 더 길어지지 않기를.

미치고 팔짝 뛸 원격수업!

드디어 오늘이다. 첫째의 원격 수업 첫날 말이다. 여지껏 접하지 않았으니 상관없는 일, 먼 일이라 생각했다. 근데 진짜 겪게 될 줄이야……. 지금까지 귀에 딱지가 지도록 원격 수업에 대한 문제를 들었던 터라 걱정이 앞섰다. 아이가 잘 따라줄지, 힘들어하진 않을지, 원활히 수업은 진행될지, 난 또 그 옆에서 잘 케어할 수 있을지. Zoom 화면을 보기 좋게 세팅하는 법도, 음소거하는 방식도, 튕겼을 때의 대처법도 모르는데 이를 어쩌나.

지난주에 학교에선 Zoom 설치 방법을 안내했다. 감사하게도 영상까지 공유해 주었다. 근심을 한 보따리나 지고 있던 나로서는 미리 준비해야 직성이 풀렸다. 당장 노트북을 펼쳐 설치했고, 선생님이 나눠준 시간표대로 교과서와 유인물이 있는지도 확인했다. 수업 당일엔 담임 선생님의 당부대로 미리 접속하는 열의까지 보였다. 공지 받은 대로 주소를 입력하고 아이디와 비번을 채웠는데, 하나의 문구와 함께 버퍼링 표시만 뱅뱅 돌아갔다.

'잠시 기다려 주십시오. 회의 호스트가 곧 귀하를 들어오게 할 것입니다.'

10여 분이 지나자 화면이 바뀌며 선생님과 아이들의 얼굴이 모니터 화면에 비췄다. 첫째는 친구와 선생님이 화면에 나오자 신기해하며, 두 손을 쉴 새 없이 흔들었다. 그 사이 9시가 됐고, 원격 수업은 시작됐다.

※이 글은 2021년 7월 13일부터 7월 23일까지의 원격 수업에 대한 기록이다. 그럼 1일차부터 시작한다.

1일차 **7월 13일 화요일**

"○○야! 나 보여??"

"○○야! 너 머리 왜 그래?"

"웃기잖아! 얼굴 가까이 대지 마!!!"

수업이 시작되든 말든 아이들은 수다 떨기에 여념이 없다. 말하고, 말하고, 또 말하는 아이들에게 선생님은 힘주어 말했다. "다들 조용합시다! 수업 시작됐어요!" 아이들 목소리에 선생님 목소리는 묻혔다. 결국 옆에서 지켜보던 엄마들이 나섰다. "앉아야지!" "조용히 해야 돼! 지금 수업 시작된 거잖아!" "그만 말해! 선생님이 말씀하시잖아!" 왕왕거리는 아이들 목소리 위로 엄마들의 목소리가 군림했다. 점차 아이들의 목소리는 수그러들었다.

이제야 수업이 시작되나 싶더니, 갑자기 Zoom 화면이 꺼졌다. 말로만 듣던 튕김 현상이었다. '어라? 어떻게 해야 돼?' 아이디와 비번을 입력하고 접속 시도를 했으나, 2분이 지나도 입장은 안 됐다. 1~2분 더 기다려도 반응이 없자, 하는 수 없이 교실로 전화해서 선생님에게 승인해달라고 말해야 했다. 통화가 끝나고 접속은 됐으나, 그 후로도 두어 차례 튕겼다. 곳곳의 웅성거리는 소리 때문에 선생님의 말은 잘 들리지 않았다. 급기야 자리를 이탈하는 애들도 생겼다. 우리 애는 몸을 배배 꼬다가, 책상 위로 다리를 올리려고까지 해서 기어이 나한테 혼났다. 1교시부터 4교시까지 감당이 안 되는 어수선함에 헛웃음이 나왔다. 과연 수업은 잘 진행될 수 있을까?

<u>2일차</u> **7월 14일 수요일**

원격수업이 어떤 건지 알게 된 세연이는 수업이 시작됐는데도 침대에서 밍기적거렸다. 좋게 말해도 들어먹지 않자 나는 기어코 아이에게 성을 냈다. 그제야 첫째는 터벅터벅 컴퓨터 앞에 앉았다. 이날은 한 남자아이의 채팅 남발로 수업이 여러 차례 끊겼다. '얘들아~ 우야호~' '어몽어스! 만세!' '롤린~ 롤린~ 롤린~'과 같은 내용으로 채팅창을 도배하는 통에 선생님은 여러 번 언지를 줘야 했다. 아이는 그때만 잠깐 멈출 뿐이었다. 다시 시동을 거는 아이에게 선생님은 마지막 경고를 날렸다. "수업 방해한다고 엄마에게 알릴 거예요!" 아이는 그제야 꼬리를 내렸다. 오늘도 수업은 정신없었고, 수업이 진행된다는 게 신기할 따름이었다.

3일차 7월 15일 목요일

원격 수업이 시작되던 첫날부터 선생님에게 말씀드리고 싶은 부분이 있었다. 그것은 바로! 유인물을 거꾸로 보여주는 것. 펜으로 일일이 적으며 성심성의껏 문제 풀이를 해주시는데, 유인물이 뒤집혀서 보이니까 아이 눈엔 들어오지 않았다. 그럴 때마다 나는 아이에게 설명해 주고 알려줘야 했다. 근데 오늘은 유인물이 제 방향으로 보이는 거다. 내 속이 다 시원했다. 아이는 더 이상 글자가 거꾸로 보인다는 말을 하지 않았다.

4일차 7월 16일 금요일

원격 수업 4일차다. 첫날과 다른 점은 혼자 듣는 아이들이 제법 늘었다는 거다. 혼자인 아이들은 더욱 딴짓을 했다. 평소 잘 듣던 여자애도 2교시가 지나자 커튼으로 얼굴을 가리며 놀았다. 우리 애는 내가 옆에 있는데도 엎드려서 엄지와 검지로 지우개 가루를 뱅글뱅글 돌리며 동그랗게 만들고 있었으니. 이런 모습을 보는 나로서는 자리를 비울래야 비울 수가 없다. 수업 내내 아이의 행동을 잡아 주는 것도 모자라, 수업에서 겉도는 아이를 지도까지 해야 했으니. 어째 아이보다 내가 더 열심히 수업에 참여하는 느낌일까.

5일차 7월 19일 월요일

오늘은 수업 방식에 변화가 생겼다. 선생님은 대화가 불필요한 부분에선 전체 음소거를 하기 시작한 것이다. "지금부터 음소거 할게요!"라고 알린 후 선생님은 음소거를 했다. 그러다가도 아이들이 힘들어한다 싶으면 선생님은 음소거를 해제하곤 아이들의 반응을 유도했다. 음소거가 해제되자마자 아이들의 목소리는 스프링처럼 튕겨 나왔다. 수업에 방해될 만큼 시끄러워진다 싶으면 선생님은 애들에게 말하곤 다시 전체 음소거를 했다. 이 방법은 나름대로 괜찮았다. 다만, 평소보다 듣는 비중이 커지자 아이의 집중력은 급격히 떨어졌지만…… 그럼에도 오늘 정도로만 수업이 진행된다면 나쁘진 않을 듯했다.

6일차~8일차 7월 20일(화)~7월 22일(목)

원래는 첫째가 원격 수업을 들으면 그 옆에서 이 책의 원고를 교정하려 했다. 원격수업과 코앞에 다가온 여름방학으로 작업 시간이 녹록지 않았기에 어떻게든 시간을 만들어 조금이라도 더 작업하고 싶었기 때문이다. 내 눈엔 아이의 수업 시간은 더없이 좋은 타이밍이었다. 마음 같아선 원고를 쓰고 싶었지만, 될 성싶지 않았다. 그에 비해 원고 교정은 해봄직했다.

그렇지만 겨우 이틀 시도하곤 포기했다. "엄마 언제 끝나?" "엄마 몇 시야?" "엄마 쉬는 시간은 언제 돼?" "이거 언제까지 해야 돼?" "엄마 졸려." "엄마 모르겠어. 도와줘!" 시도 때도 없이 부르는 통에 당최 집중할 수가 없었다. 그렇다고 매몰차게 아이를 무시할 수도 없고…… 결과적으론 수업 시간만큼은 원고에 대한 욕심을 내려놓고 아이를 케어하는 게 내게도 이롭다는 걸 알게 되었다. 그로 인해 아이는 투정을 덜 부렸고, 나 역시 짜증을 덜 냈으므로. 그리고 내 도움을 받으며 하나하나 해결해나갈 때 아이는 그나마 수업에 집중했다.

9일차 7월 23일 금요일 - 방학식

어느새 원격 수업 마지막 날이다. 오늘은 3교시까지만 하고 4교시엔 방학식을 한다. 2~3교시가 마지막 수업인 만큼 클레이 만들기가 진행됐다. 아이들은 그 어느 때보다도 집중했다. 세연이 역시 쉬는 시간도 마다하고 애벌레 만들기에 집중할 정도였으니 말 다 했다. 나뭇잎으로 애벌레 집까지 만든 아이는 기분 좋게 4교시를 맞이했다. 방학식은 담임선생님이 조촐하게 진행했다. 마지막으로 선생님은 환하게 웃으며 말했다.

"그동안 수업 듣느라 정말 고생 많았어요! 우리 2학기 땐 교실에서 만나요!"

이로써 9일간의 원격수업은 막을 내렸다. 아쉬운 점이야 많았지만, 반 친구들의 수준과 수업 수준을 알게 된 건 큰 소득이었다. 반 아이들의 수준은 생각 이상이었다. 1학년 1학기 수준에선 어려운 게 아닐까 싶은 겹글자와 쌍받침을 많은 아이들이 읽을 수 있었다. 채팅으로 대화하는 애들도 있었으니, 충격 그 자체였다. 하물며 수업은 문장 읽는 것을 기본 바탕으로 깔고 있었는데, 세연이는 한 문장도 제대로 읽지 못했고, 수업에서 계속 겉돌았다.

엄마로서 미안하면서도 참담했다. 내가 너무 안일하게 생각해서 애를 힘들게 했다는 죄책감도 상당했다. 둘째를 낳고는 첫째 교육에 신경을 쓸 여력이 없었다. 입학을 앞둔 반년 전에야 걱정되어 느지막이 학습지를 시켰을 뿐이다. 날로 나아지는 한글 수준을 보며 한 시름 놓았고, 당연히 학교에서도 어느 정도는 따라가겠거니 싶었는데, 이럴 수가!

이대로 있을 순 없었다. 나와 신랑은 세연이 수준에 맞는 체계적인 학습이 필요하다고 의견을 모았고, 학원보다는 공부방이 적합하다는 결론을 내렸다. 수소문 끝에 지인으로부터 공부방을 추천받았다. 가격은 생각보다 비쌌지만, 한 반에 최대 4명으로만 구성되고, 각각의 아이 수준에 맞게 공부를 진행한다는 점이 마음에 들었다. 우리 애가 2학기 때는 덜 힘들어했으면 하는 마음과 뒤처지지 않았으면 하는 마음이 어우러져 망설임 없이 보내게 되었다.

고작 1학년인데 벌써부터 사교육으로 적지 않은 돈이 나갈 줄은 몰랐다. 과열 경쟁을 조장하는 사교육은 반대하지만, 뒤떨어진 학업 수준을 보완해주는 사교육의 필요성은 체감했다. 우리에게 원격 수업은 아이의 학업 수준을 확실히 알 수 있는 좋은 기회였다. 만약 원격 수업이 아니었다면, 아이에게 실질적인 도움을 주지 못했을지도 모른다. 그걸 생각하면 다행이 아닐 수 없다.

휴가가 뭣이 중헌디!

15일째 코로나 확진자 수는 1,000명대를 웃돌고 있다. 어제(7/19) 는 비수도권도 5인 이상 사적 모임을 금지했고, 최근 확진자가 급증한 강원도 강릉은 거리 두기를 3단계에서 4단계로 격상했다. 내 고향 제 주도도 2단계에서 3단계로 상향 조정했다. 7월 말이면 휴가 갈 생각 으로 마음이 한껏 부푼 시기인데, 지금만큼은 마음이 한없이 무겁다.

7월 23일부터 첫째는 초등학교 방학을 맞는다. 둘째 역시 28일부 터 어린이집 방학이다. 1년 동안 코로나로 여행 한번 가지 못한 우리 는 이번만큼은 시간 내서 어디든 갈 생각이었다. 근데…… 4차 대유 행이라니! 확진자가 1,000명 이상이라니! 웬 말이더냐? 1년 전에도 코로나로 못 갔기 때문에, 올해만큼은 기필코 가겠노라 다짐했건만 …….

불과 2년 전까지만 해도 휴가란 아무 걱정 없이 부푼 마음만 한가 득 안고서 어디든 놀러 가면 되는 일이었다. 좋은 공기를 마시든, 이 색적인 장소에 가든, 신나는 레포츠 놀이를 즐기든 각자의 취향에 맞 게 즐기면 되는 일. 평소와 다른 하루를 보내며 그동안 쌓였던 피곤과

스트레스를 날려버리면 성공적인 휴가라 말할 수 있겠다. 그러기 위해 많은 사람들은 휴가철만 되면 차로, 배로, 비행기로 떠난다. 그리고 뉴스엔 어김없이 북새통을 이루는 공항과 휴양지가 등장한다. 보고 있자면 도떼기시장이 따로 없구나 싶다가도, 우리도 어서 날 잡고 어디든 가야 되지 않을까란 생각이 더 커진다.

우리 가족이 휴가다운 휴가를 마지막으로 간 시기는 2년 전 홍천 오션 월드에 간 일이다. 첫째와 내겐 생애 첫 워터파크였다. 워터파크 입덕을 기리고자 가기 며칠 전부터 튜브도 신경 써서 구입했다. 그늘막도 있고, 운전대도 있는 튜브를 보자 아이는 흥분했고, 당장 바람을 넣어달라며 택배 박스에서 꺼내기가 무섭게 달려들었다. 신랑은 얼굴에 핏대를 세우며 애보다 큰 튜브에 바람을 넣기 시작했다. 아이는 옆에서 방방 뛰다가, 차차 부풀어 오르는 튜브를 보자 더 이상은 못 참고 튜브에 몸을 던졌다. 나오래도 절대 나오지 않는 아이는 수영장에 가면 이렇게 타야 한다며 우리에게 큰소리까지 친다. 그렇게 택배가 온 날부터 휴가를 떠나는 당일까지 튜브는 우리 집에서 한자리를 차지했고, 떠나는 날을 애타게 기다리는 아이의 장난감으로 열심히 기능했다.

오션월드에 도착하자 신세계였다. 수영복을 갈아입은 아이는 이미 수영장이 훤히 보이는 창가에 볼을 바짝 갖다댄 채 탄성을 지르느라 여념이 없었다. 막상 워터파크에 들어가자 무서운지 내 손을 꼬옥 잡고선 놓지 않았다. 5분 정도 지나자 위풍당당하게 튜브를 옆구리에

끼며 매의 눈으로 여기저기를 훑어보기 시작했다. 아이의 레이더망에 처음 잡힌 곳은 파도가 쉬지 않고 넘실거리는 파도풀이었다. 그곳에 들어가서는 나오려 하지 않았다. 자기 키보다 높은 파도를 넘을 때마다 "꺄~꺄~ 엄마~!! 꺄~꺄!" 어찌나 소리 지르던지! 말할 때마다 물을 마셨지만, 걱정 말라며 손사래치는 여유까지 보였다. 시간대별로 40분씩 운영하는 파도풀이 잠시 운영을 멈추자 그때서야 아이는 전장에서 승리하고 돌아온 전사마냥 튜브를 옆구리에 끼고 기세 좋게 나왔다.

엄마로선 잠깐 쉬고 놀면 좋겠건만, 말릴 새도 없이 세연이는 옆에 위치한 워터 플렉스로 후다닥 달려갔다. 놀이터에서 많이 보던 정글짐과 비슷해서 거부감 없이 놀았고, 미끄럼틀을 네댓 번 타고서야 우리 옆으로 왔다. 입이 찢어져라 간식을 와그작와그작 먹는 아이를 보면서 오길 잘했다고 생각했다. 그런 와중에도 아이의 눈은 쉬지 않고 돌아갔고, 세 번째 레이더망에 유수풀이 걸려들었다. 사람들이 물 위에 둥둥 뜬 채 수영장 주위를 쉬지 않고 도는 게 신기했나 보다. "엄마 저게 뭐야?"라고 묻길래 대답하려는데 이미 내 몸은 세연이에게 이끌려 유수풀 근처로 끌려가고 있었다. 이날 아이는 오션월드의 절반을 유수풀에서 둥둥 떠다니며 놀았다.

처음엔 물 위에 뜨는 걸 무서워하더니 시간이 지날수록 두 손 두 발을 자유롭게 휘저으며 중심을 잡았고, 급기야 엄마, 아빠에게 물까지 뿌려댔다. 역시 아이들의 적응력이란! 실내풀로 들어갈 때면 들어간다고! 실외풀로 나갈 때면 나간다고 소리치며 선장처럼 우리에게 알렸다. 우리 역시 다른 물놀이에 비해 체력 소모도 적어 편했다. 물 위에 둥둥 떠다니기만 하면 되니까. 사실 유수풀을 처음 접한 나도 신세계긴 마찬가지였다.

나는 제주 토박이로 20여 년을 살다 상경했다. 내가 다닌 중학교 바로 뒤엔 용두암이 있었다. 푹푹 찌는 여름이면 체육 선생님은 우리를 데리고 용두암에 가서 수영하며 놀게 했다.(그렇다고 수영을 잘하냐? 그렇진 않다. 그저 바다 위에 둥둥 떠다니는 정도다) 우리가 살던 집에서는 차를 타고 서쪽으로 조금만 가면 이호 해수욕장이 있고! 동쪽으로 조금만 가면 함덕 해수욕장이 있었으니! 여름만 되면 해수욕장에서 파라솔을 펴고 원 없이 노는 게 일이었다. 그랬던 제주 촌년이 워터파크에 처음 간 것이다. 여름철이면 TV에서 수도 없이 틀어지는 광고 속 워터파크에 내가 실제로 있다니! 신문물을 뒤늦게 접한 나의 마음은 즐겁게 두근거렸다. 아이 때문에 마지못해 노는 듯했지만 사실 파도풀에서도, 유수풀에서도 온몸을 던지며 즐겼다. 폐장 시간이 될 때까지 신나게!

그때의 기억이 강하게 남았는지, 첫째는 틈만 나면 물 위에 둥둥 떠다니던 유수풀 이야기를 한다. 자기가 뿌린 물에 엄마 입과 코에 물이 들어가지 않았냐며 해맑게 놀린다. 그리고 너무 재미있었으니 다시 꼭 가자로 끝을 맺는다! 기승전~ 다시 가자!의 루틴은 2년째 이어져오고 있다. 솔직히 작년에 가려 했으나 코로나가 발생했고, 올해는 꼭 데리고 가려 했건만⋯⋯ 4단계로 격상되고 말았으니. 휴. 과연 내년에는 갈 수 있을까?

답답한 마음에 오션월드를 검색했는데, 놀라고 말았다. 이 시국에
도 갔다 온 사람들의 리뷰가 상당했던 것. 7/19 리뷰에는 "코로나라
서 사람들 많이 없을 줄 알았는데 넘 많네요. 그래도 넓어서 완전 좋
아요." 7/18 리뷰엔 "매년 가지만 너무 좋습니다. 코로나 때문에 사람
이 없어 오전에 줄 안 서고 기구 엄청 탔습니다." 대부분의 리뷰는 코
로나로 사람들이 없어서 편안하게 놀다 왔다가 태반이었다.

내가 너무 모범적으로 방역 수칙을 지키고 있는 건가 싶었다. 생각
보다 많은 사람들이 4단계로 격상된 시기에도 워터파크에 놀러 가고
있다는 사실은, 내가 너무 소심하게 이 시대를 살아가고 있는 게 아닌
가란 생각도 들게 했다. 오션월드 홈페이지만 보더라도 방역수칙을
준수하며 안전한 물놀이 환경을 제공하고 있다고 공지하고 있었다.
생각해 보면 수영장에서 코로나 확진자가 발생했다는 기사는 아직까
진 접하지 못했다. 그럼에도 수영장은 더 위험할 거란 생각은 떠나지
않는다. 왜 그럴까.

수영장은 한정된 공간이고, 물놀이를 하는 내내 마스크를 써야 한
다. 또한 물놀이를 하다 보면 마스크는 젖는다. 즉! 물에 젖은 마스크
를 내내 껴야 한다는 소리다. 물놀이를 하다 보면 또 어떤가? 마스크
가 번번이 벗겨진다. 몇 번이고 내려간 찰나의 순간순간들이 모이다
보면, 마스크를 쓰는 게 무슨 의미일까 싶어진다. 더군다나 같은 공간
에 확진자라도 있다면?! 물속에 비말은 섞일 테고, 물놀이하다 보면
물을 먹는 건 흔한 일이니…… 으흡! 여기까지만 하더라도 고개가 절

로 저어진다. 이러나저러나 꺼림칙한 부분이 허다하다. 놀 땐 신나게 놀았더라도 집으로 향할 때면 찜찜함을 감출 수 없는 내가 그려진다. 혹시나 모를 일로 한동안 마음앓이를 하며 에너지를 소모하는 나. 생각만으로도 피곤하다.

그러니 이번 여름방학 겸 휴가 때는 동네 한적한 공원이나 가던가. 그것도 여의치 않다면, 집콕하며 애들과 재밌게 놀아야겠다.

얘들아! 집콕하게 되면! 엄마, 아빠가 최선을 다해 놀아줄게!

그리고 딸! 소심한 엄마는 코로나가 잠잠해지면 그때 오션월드에 가는 게 좋겠어! 간이 콩알만 한 엄마라서! 미안하다잉! 그때 우리 신나게 놀자!

chapter 2

| 이웃 편 |

여기 저기서
신음하다

코로나로 뚫린 아동 돌봄

2020년 9월 14일. 하나의 사건이 온 세상을 슬픔에 빠트렸다.

"살려주세요! 살려주세요!"

오전 11시경 소방서로 다급한 전화가 걸려왔다. 발신자는 "살려주세요"라는 말만 두어 번 외친 채 전화를 끊었다. 소방서에서는 휴대전화 위치 추적으로 발신 위치를 찾았다. 당시 형은 안방 침대 위에서 의식을 잃은 채 발견됐고, 동생은 침대 옆 책상 밑 공간에서 발견됐다.

안타까운 '인천 라면 형제' 사건의 신고 당시 상황이다. 이 사건은 코로나로 학교에 갈 수 없는 형제가 엄마가 외출한 사이 라면을 끓여 먹다 불이 난 사건으로 알려져 있다. 여러 기사를 읽던 나는 표정이 굳어졌다. 알려진 내용과 다른 부분이 많다는 걸 알게 됐으니까.

'어머나…… 라면을 끓여먹다 불이 난 게 아니고, 형의 불장난으로 불이 난 거라고?!'

탄식하며 기사들을 찬찬히 훑었다. 아버지 없이 어머니와 셋이 사는 형제는 기초 생활수급 가정으로 형편이 넉넉지 못했다. 공공임대주택에 살며 기초생활수급자로 매달 160만 원가량 지원을 받았다고 한다. 코로나 재확산으로 학교가 비대면 수업을 하면서 형제는 학교에 갈 수 없었다. 여기서 더 안타까운 건 형제 엄마는 가정 보육을 하기 힘들었음에도 '아이들을 스스로 돌보겠다'는 이유로 돌봄 교실을 신청하지 않았다는 것이다. 경악을 금치 못한 내용은 더 있었다. 형제는 어린이집과 유치원 등 보육 시설에 단 한 번도 다닌 적이 없다는 사실!

'어쩜 이럴 수 있지?!'

형제 엄마의 생각을 나야 모르지만, 내 상식으론 이해되지 않았다. 어쨌든 사건 전날부터 엄마는 외출했고, 10살, 8살 형제는 단둘이 집에 있어야 했다. '어떻게 어린 자녀만 두고 오랜 시간 집을 비울 수 있지?' 마음 한구석에서 바람이 불었다. 여러 기사를 읽을수록 마음에 불던 바람은 거세게 소용돌이쳤다. 형은 ADHD다. 이전에도 가스레인지에 휴지를 갖다 대며 불장난을 한 적이 있다고 엄마는 경찰에 진술했다. 그날 역시 형은 똑같은 불장난을 하다 화재를 냈고, 동생은 다급히 119에 전화했으나, 끝내 참담한 사건이 일어나고야만 것이다.

'그렇다면 엄마는 더욱 집을 오랫동안 비우면 안 되는 거 아닌가?'

형제 엄마는 어린 나이에 아이들을 낳았다. 혼자 감당하기 힘들었던 그녀는 아이들을 자주 방임했다고 한다. 가족의 사연을 알 수는 없지만 엄마인 나로서는 안타까울 뿐이다.

그날의 화재로 형은 상반신에 3도 중화상을 입는 등 전신의 40%를 화상 입었고, 동생은 다리에 1도 화상을 입었다. 며칠 후 형제는 잘 회복되는 듯했으나, 동생은 많은 양의 유독가스 흡입으로 장기 손상을 입었던 터라 호흡 곤란과 구토 증세를 호소하며 상태가 악화돼 끝내 숨을 거두고 말았다.

코로나가 아니었다면 일어나지 않았을 일이라 생각하니 마음이 차갑게 굳었다. 정처 없이 보이는 대로 기사를 읽는데 기사 하나가 눈에 더 들어왔다. '인천 라면 형제 사건' 3개월 만에 비슷한 사건이 일어났다는 내용이었다. 다른 점이 있다면 이웃 주민의 신속한 대응으로 큰 피해를 막았다는 거.

2020년 12월 16일 대전 유성구 장대동의 한 다세대주택에서 화재가 발생했다. 유치원과 초등학교의 비대면 수업으로 10살, 7살 자매는 단둘이 집에 있어야 했다. 부모가 없는 사이 소시지 부침을 하려다 자매는 식용유에 물을 붓고 만다. 불이 치솟자 놀란 자매는 수돗물을 들이부었다. 불꽃은 오히려 커졌고, 집 안에 설치된 화재 감지기는 울리기 시작했다.

애애~에에앵~ 애엥~애엥~! 화재 발생! 화재 발생! 애엥~애엥 ~~~ 애애~에에앵!! 화재 발생! 화재 발생!

코로나로 재택근무 중이던 이웃 주민은 경보음 소리를 듣고 황급히 자매의 집으로 달려가서는 소화기로 불길을 진화했다. 7살 동생 팔목에 2도 화상을 입었지만 이웃 주민의 도움으로 생명에는 지장이 없었다. 만약, 이웃 주민이 돕지 않았다면 '인천 라면 형제'와 같은 일이 반복되었을지도 모른다.

여러 기사를 읽을수록 먹먹하다. 전업주부인 난 다행히 두 아이를

팬데믹? 엄마니까 버텨봅니다!

가정에서 돌본다지만, 맞벌이 혹은 한 부모 가정일 경우 문제는 심각하다. 코로나로 경제가 위축된 상황에서, 부모들은 더욱 악착같이 '먹고살기 위해' 돈을 벌어야 하는 진퇴양난이라니…… 그중엔 '아이 돌봄' 문제로 일을 그만두는 엄마들도 많다는 걸 안다. '아이 돌봄'이 우선이니까.

어제는 우리 집에서 걸어서 10분 거리. 그러니까 올해 첫째가 입학할 초등학교에서 교직원이 코로나 확진을 받았다. 학교는 바로 폐쇄됐고, 아이 돌봄 교실 역시 중단되고 말았다. 갑자기 일어난 일로 아이 돌봄을 이용하던 부모들의 한숨소리가 들린다.

2018년 아동 종합실태조사에서 주중에 집에 혼자 있거나, 아동끼리 지내는 비율은 27.7%였다. 그에 비해 2020년 5월. 그러니까 코로나 확산 이후, 아동 혼자 시간을 보낸다는 응답은 38%였다. 무려 11%나 증가했다. 이것은 11%나 위험에 더 노출되었다는 소리일 테다. 코로나가 만든 어쩔 수 없는 상황이라지만, 부모로선 착잡할 뿐이다.

정부는 긴급 돌봄 체계를 구축하고, 가족 돌봄 휴가를 늘리는 등 여러 정책을 마련해 아동의 돌봄을 지원하고 있지만, 제한점이 많은 것이 현실이다. 손으로 하늘을 가릴 수 없듯이 어떻게 해도 '아이 돌봄'의 큰 구멍은 메꿔지지 않을 것이다.

가정에서 아이를 돌보는 부모들은 언제 끝날지 모르는 가정 보육에 지쳐가고(나 역시도), 일하는 부모들은 긴급 돌봄에 변수가 생길까 노심초사하면서도 아이에게 미안해 마음이 무겁다. 아마 코로나가 사그라질 때까진 수많은 부모들의 신음소리가 여기저기서 들릴 것이다.

부모들은 그때까지 어떻게 버틸지 막막하기만 하다.

올해는 입학식 열 수 있을까?

　어제는 첫째의 초등학교 예비소집일이었다. 세연이와 신랑은 다녀올게라는 말을 남긴 채 현관문을 나섰다. 나는 둘째와 덩그러니 집에 남았다. 코로나 3차 대유행이 아니었다면 가족 모두 다녀왔을 것이다. 거리 두기가 2.5단계인 지금은 아이를 데리고 나가는 게 조심스럽다. 일주일 동안 남편이 재택근무를 하지 않았다면 나는 두 아이를 데리고 예비소집일에 다녀와야 했을 테다.

　부녀가 나간 이후 하늘은 금방이라도 비가 주룩주룩 내릴 법했다. 우산도 가져가지 않은 부녀를 걱정하며 둘째와 놀고 있는데 도어락 소리가 들렸다. 삐삐 삐삐 삑!

　"뭐야?! 20분도 안 됐는데 벌써 온 거야?"

　두터운 패딩을 벗으며 신랑은 말했다.

　"초등학교가 내부 출입을 완전히 막아놨더라고. 학교 입구 옆에 임시로 마련한 장소에서 서류만 받고 간단한 안내만 받고 왔어."

　초등학교에 간 김에 얼핏이나마 내부를 구경하길 바랐던 나였다. 하긴 지금은 거리 두기 2.5단계다. 거기까지 생각을 또 못했다. 당연한 게 당연한 게 아닌 현실을 아직도 적응 중이다. 신랑은 받아온 입학 안내 서류에 대해 설명하곤 일할 준비를 했다. 그러다 뭔가 떠올랐는지 입을 다시 열었다.

"아! 근데! 서류 준 분이 그러더라. 입학식 못할 가능성이 크다고. 근데 일정은 잡혔으니까 참고하라고. 나도 입학식은 물 건너 간 거 같아. 이대로라면 입학식은 가당치도 않지."

입학 안내 서류를 집어 들었다. '입학식: 3월 2일 10시'란 문구에 시선이 멈췄다. 문득 하나의 기억이 다가왔다. 새 가방을 메고 엄마 손잡고 국민학교(우리 시절엔 국민학교였다) 입학식에 갔던 어린 시절의 나. 끝이 참 멀게 느껴지는 운동장을 보며 감탄하기 바빴다. '와! 진짜 넓다!' 넓디넓은 운동장에 반별로 서서 교장선생님 말을 듣고는 교실에 들어서던 순간을 잊지 못한다. 엄마 손 꼭 잡고 한 걸음 한 걸음 걸을 때마다 심장은 강하게 요동쳤다. 이러다 심장이 터져버리는 게 아닐까? 걱정이 앞선 나는 엄마의 손을 더욱 꽈악 잡았다. 새 교실, 새 친구에게 다가가는 일은 설레면서도 무서웠고, 두려우면서도 궁금했다. 그때의 감정은 아직도 내 안에 있다. 내가 느꼈던 감정을 내 아이도 당연히 경험할 일이었다. 지금껏 누구나 그래 왔고, 변하지 않은 일이었으니까. 근데 코로나가 순식간에 무너뜨렸다.

작년 이맘때쯤 초등학교 입학식을 손꼽아 기다리던 아이가 있었다. 입학식이 다가올수록 할머니, 고모, 부모로부터 온갖 선물을 받았다. 아이는 알았다. 선물을 받는 걸 보니 입학식은 축하받는 날이란 걸. 삐까뻔쩍한 분홍색 책가방을 품에 안은 것으로도 모자라, 등에 메고 집안 곳곳을 활보하던 아이. 그 아이는 시댁 조카다. 새 신과 새 가방을 메고 초등학생 언니가 될 날만을 애타게 기다리던 아이가 마주한 현실은 지금껏 한 번도 겪어 보지 못한 일이었다.

유치원 졸업식은 물론 초등학교 입학식도 취소되고 말았던 것이다. 그놈의 코로나라는 바이러스가 인생의 단 한 번뿐인 순간을 앗아가고 말았다. 어린아이는 이상했다. 입학식은 안 하는데 초등학교생활은 시작됐으니까. 집에서 엄마와 온라인 교육에 적응하느라 정신없는 와중에도 아이는 계속해서 물었다.

"엄마! 언제 학교 갈 수 있어?"

시댁 조카는 언제일지 모를 그날을 기다리며 머리맡에 책가방을 두고 잤다. 남의 일이 아니었다. 이 이야기를 전해 듣자 온 신경이 초등학교 1학년 애들에게 집중됐다. 마스크 1세대라고 불리는 초등학교 1학년 아이들의 생활과 생각이 궁금해졌다. 그러다 하나의 기사를 보게 되었다. 기사 내용은 서울, 경기, 부산 세 지역 아이들의 인터뷰를 정리한 거였다. 같은 시기에 불어 닥친 초등학교의 위기를 타 지역의 상황과 비교할 수 있어 흥미로웠다. 기사에 실린 8명의 아이들은 사회적 거리 두기 강화로 입학식도 없이 초등학교생활을 시작했다. 거리두기가 하향됐을 땐 주 1~2회 등교했으나, 반 친구를 다 만날 순 없었다. 2분의 1 또는 3분의 1씩 나눠서 등교했으니까. 하물며 학교에 있는 동안 마스크를 계속 써야 했고, 친구와 띄엄띄엄 거리를 둔 채 앉아야 했다. 아이들은 말했다.

"마스크 때문에 친구 얼굴을 자세히 볼 수 없었어요!"

"교실이랑 화장실만 가서 아쉬워요. 다른 곳도 구경해보고 싶어요."

코로나로 학교생활엔 규제가 많았다. 자유롭게 학교생활을 할 수 없는 아이들이 안돼 보였다. 지금 상황이라면 우리 딸도 겪게 될 일이다. 친구들과 자유롭게 뛰어놀 수 없는 생활을! 친구를 사귀기에 제한 많은 환경을! 입학식 사진 한 장 남기지 못하는 현실을! 부모로선 안타깝고 속상하다. 그렇다면 이 지긋지긋한 코로나의 결말은 대체 언제 어떻게 이루어지는 거지?

'영국 면역 학계 권위자'인 마크 월포트 박사는 코로나는 종식이 불가능하다고 말했고, 백신이 개발되더라도 어떠한 형태로든 영원히 인류와 공존하게 될 거라고 주장했다. 우리로선 팬데믹(세계적 규모로 전염병이 동시에 대유행하는 상태)을 억제하기 위해 독감 백신처럼 정기적으로 접종하는 것이 가장 현명한 방법이라고 조언한다. 그 외로도 여러 전문가들은 코로나 시대가 지나간대도 또 다른 치명적인 바이러스가 세상을 여러 차례 덮칠 거라고 예측했다.

사스나 메르스가 한창 세계를 시끄럽게 하던 시기에도 나는 무덤덤했다. 일상에 직접적인 피해를 입지 않았으니까. 그러나 코로나는 일상의 깊은 곳까지 침투해 흔들고 있다. 지금도 짜증 나고, 막막하고, 우울한데, 미래엔 얼마나 치명적인 바이러스들이 등장하는 걸까. 우리 생활은 얼마나 통제될까. 암울한 환경에서 우리는 어떻게 적응하며 살아가게 될까.

코로나 발현 1년 사이 사람들은 살아가기 위해 적응했고, 적응하기 위해 여전히 노력하고 있다. 아이들 역시 처음엔 마스크 쓰는 걸 힘들어했지만 지금은 당연하다 여긴다. 어찌 보면 마스크 2세대 부모라는 게 다행스럽기도 하다. 1세대의 혼란을 피하지 않았던가. 혼란스러운 과정에서도 코로나 시대의 교육은 기반을 잡고 구축되고 있다. 나와 아이는 또 다른 코로나 시대를 적응해나가야 할 차례다. 분명 그 시간 안에서도 시시각각 불편함과 속상함은 공존하겠지만 어찌 되었든 걸어 들어가야만 한다. 바이러스 시대의 전초전에 불과할지도 모를 지금을 받아들이며 현명하게 상황을 헤쳐갈 수 있길 바랄 뿐이다.

다행히 입학식이 열리다

세연이는 그 어느 아침보다 말을 잘 듣는다. 짜증 내며 일어나지도 않았고, 아침밥도 투정 없이 먹었다. 급기야 시키지 않은 이불도 개고, 먹었던 그릇도 치우고, 자기 방 정리까지 했다. 조잘조잘거리며 바쁘게 움직이는 세연이를 내 앞에 앉혔다. 그리곤 둘째가 방해하지 않도록 TV를 틀었다.

"세연아! 움직이면 안 돼! 너도 동생이랑 TV 보고 있어."

이제 집중할 시간이다. 아이 머리에 분무기로 물을 뿌리고 빗질을 했다. 엉킨 부분은 살살 긁어내듯 빗질하며 풀었다. 꼬리빗으로 가르마를 5대5로 나누곤 한쪽 머리에 악어핀을 꽂았다. 숨을 가다듬은 후 반대편 머리를 두어 차례 빗질하곤 세 갈래로 나눴다. 이제 땋기만 하면 된다. 똥손인 나는 디스코 머리가 매번 어렵다. 그렇지만 특별한 날에는 어김없이 디스코 머리를 한다.

오늘은 아이가 목 빠지게 기다린 입학식이니 만큼 그 어느 때보다도 신경 써서 한 갈래 한 갈래 땋아 나갔다. 애를 쓰며 한다고 했는데, 중간에 볼록하고 뜨는 부분이 생겼다. 그럼 그렇지! 잠시 고민했다.

팬데믹? 엄마니까 버텨봅니다!

이대로 땋아? 말아? 날이 날인만큼 볼록 튀어나온 부분을 차마 지나칠 순 없었다. 어쩔 수 없이 볼록 튀어나온 부분까지 풀기로 했다. 여기서 조심해야 한다. 자칫 잘못했다간 처음부터 다시 땋아야 할 수도 있으니까. 휴. 다행히 원한대로 풀었다. 이번엔 힘을 더 주어 빡빡하게 당겼다. "아야! 엄마!! 아파!" "어!? 미안! 미안!" 너무 집중한 나머지 힘을 과하게 줬나 보다. 손이 마음처럼 움직이진 않았지만 그런대로 만족스러운 디스코 머리가 완성됐다.

얼굴이 동그래서 그런지 아이가 디스코 머리를 하면 얼굴이 확 산다. 평소보다 잘 땋아진 머리를 보며 흐뭇해하기도 잠시, 시계를 보니 어느새 나가야 할 시간이다. 신난 첫째는 챙겨주지 않아도 알아서 잘했다. 며칠 전에 이모에게 선물 받은 연보라색 책가방을 멨고, 입학식에 신으려고 얼마 전에 산 핑크핑크한 에메랄드 구두도 척척 신었다. 둘째는 꿈쩍도 안 하고 TV를 계속 보려 했다. 리모컨을 들어 전원 버튼을 누르자, 대성통곡한다. 가까스로 달랜 후에야 신발을 신길 수 있었고, 현관문을 나설 수 있었다.

코시국이기 때문에 사람 많은 곳에 둘째까지 데리고 가긴 싫었지만 상황이 여의치 않았다. 대신 유모차에 앉혔고, 방풍 커버의 지퍼를 빈틈없이 채워 올렸다. 세연이는 동생도 함께 간다고 더욱 신나했다. 초등학교까지 힘들다 힘들다 하면서도 아이는 잘 걸어줬다. 드디어 초등학교에 도착했다. 운동장엔 이미 많은 부모들로 붐볐다. 운동장 조회대 앞엔 각반 팻말이 세워져 있었고, 그 뒤로 아이들의 긴 줄이 늘어섰다. 세연이도 자기 반 팻말을 확인한 후 종종걸음하며 줄을 섰다. 입학식이 임박하자 점잖은 목소리가 커다란 스피커를 통해 흘러나왔다.

"거리 두기를 위해 부모님은 운동장 뒤쪽으로 물러서 주십시오. 협조 부탁드립니다."

나 역시 뒤쪽으로 멀찌감치 물러났다. 뒤에서 보니 연보라 책가방이 눈에 많이 띄었다. 여학생의 4분의 1은 연보라 책가방인 듯했다. 곧이어 입학식은 진행됐다. 교장 선생님의 환영 인사와 1학년 담임 선생님의 소개가 다인 짧은 입학식이었다. 이제 아이들은 각자의 반에서 한 시간 정도 시간을 보내다 나올 터였다. 앞 반부터 순서대로 거리 두기를 지키며 줄 맞춰 건물 안으로 들어갔고, 세연이 역시 담임 선생님의 안내에 따라 교실로 향했다. 하라는 대로 의젓하게 따르는 모습을 보자니 코끝이 찡했다. 언제 이렇게 컸을까.

한 시간 후 운동장으로 나온 세연이는 말했다. "교실도 너~무 좋고! 친구들도 다 좋아!" 흥분을 가라앉히지 못했다. 학교가 너무 좋다를 몇 번이나 말했는지 모른다. 그러던 중 단짝 친구까지 만나니 텐션은 하늘을 찔렀다. 역시나 들떠 있던 친구도 세연이와 히히덕거리며 장난질했다. 입학 기념사진을 찍자는 말에 둘은 포즈를 취했다. 서로 한쪽 손을 맞대며 하트를 만들었고, 하늘 높이 치켜 올렸다. 어쭈! 포즈 제법인데! 어느새 둘째도 조르륵 옆에 섰다. 어라? 이놈 봐라! 하나! 둘! 셋! 김치! 찰칵!

사진을 본 아이들은 만족하며 배시시 웃었다. 자기네가 생각해도 포즈가 기발했는지 뿌듯해했다. 그 모습을 보던 나는 작년과 달리 입학식이 열려 참 다행이라 생각했다. 입학식이 온라인으로 진행됐다면 이런 모습은 보지 못했을 테니까. 비록 부모들이 교실까지 데려다주지 못하고, 거리 두기로 규제가 많은 입학식이었지만, 그래도 좋았다.

아이에게도 이 순간은 행복했던 한때로 떠올리게 될 거란 생각이 들었다. 마스크를 쓰고, 교실에선 친구들과 뜨문뜨문 앉아야 했지만, 새 구두, 새 가방, 새 친구, 새로운 선생님, 널찍한 교실과 운동장은 그 어떤 것에 비할 수 없이 굉장한 일이었음을 아이의 환한 웃음이 말하고 있었다.

교문을 향하다 발걸음을 멈추고 둘러봤다. 엄마 아빠와 사진 찍는 아이, 오랜만에 만난 어린이집 친구와 인사하는 아이, 엄마에게 꽃다발을 선물받는 아이, 부모에게 재잘재잘 교실 자랑하는 아이. 그런 모습을 보니 이상한 기분이 들었다. 뭐랄까. 그저 스쳐가는 자연스럽고 평범하던 풍경이 그날따라 전혀 평범하지 않게 느껴졌다고나 할까. 이 순간을 붙잡지 못할까 봐 며칠 전까지 마음 졸이던 나였다. 그래서 오늘이 뭉클했다.

여기 저기서 신음하다

교사들은 처절히 분투했다

"요새 학교에서 뭐해?"

2020년 매미가 시끄러이 울어대던 여름. 신랑은 사촌 동생에게 물었다. 사촌 동생 그러니까 내겐 아가씨인 그녀는 중학교 선생님이다. 그녀는 말했다.

"정말 힘들어. 일이고 뭐고 민원 처리하기도 바빠. 하루에 얼마나 통화하는지 모르겠어."

솔직히 그때의 난 아가씨의 대답을 왼쪽 귀로 듣고 오른쪽 귀로 흘려보내며 생각했다.

'수업 없으니까 좋지 않나.'

내가 생각한 코로나 속 교사의 모습은 수업 시간에 맞춰 EBS 교육 영상을 틀어준 후(우리 땐 학교에서 틀어주는 교육 영상은 무조건 EBS였다) 앉아 있다가 아이들이나 학부모 전화가 오면 몇 통 받다 오는 거라 여겼다. 아가씨 대답의 심.각.성을 알게 된 건, 한참 뒤인 《코로나 시대 교사 분투기》를 읽고 나서다. 이 책을 통해 교사에게 닥친 상황과 민원처리라는 용어의 무게를 뒤늦게 알게 되었다. 얼마나 힘들었을까.

팬데믹? 엄마니까 버텨봅니다!

얼마나 암담했을까. 얼마나 막막했을까. 나는 사람들에게 알리고 싶어졌다. 나처럼 교사의 고충을 모르는 분을 위해서.

2020년 2월말 확진자가 전국으로 삽시간에 퍼질 무렵 학교도 영향을 받았다. 3월 2일 개학이 3월 9일로 연기됐으니까. 그때까지만 해도 교사들은 상황이 곧 끝나리라 여겼다. 그러나 연기된 개학은 풀릴 줄 몰랐다. 급기야 3월 31일 교육부는 온라인 개학을 실시한다고 발표했고, 얼마 후 온라인 수업도 시작됐다. 교사들은 다급해졌다. 온라인 수업 시스템을 하루라도 빨리 구축해야 했으니까.

온라인 수업은 플랫폼을 선정하는 데서부터 갈등을 빚었다. 플랫폼은 다양했다. Zoom, 구글 클래스룸, 클래스팅, E-학습터, EBS 온라인 클래스, 네이버 밴드, 웹엑스, 구글 미트 등등. 우여곡절 끝에 플랫폼을 선택했더라도 그건 시작에 불과했다. 선택한 플랫폼을 익혀야하니까.

'MZ세대(90년대생)', 'Y세대(80년대생)', 'X세대(70년대생)', '베이비부머 세대(50-60년대생)' 교사들은 격차가 날 수밖에 없었다. 젊은 세대는 물 만난 물고기처럼 온라인 학습 플랫폼을 순조롭게 적응했지만, X세대와 베이비 부머 세대 교사들은 녹록지 않았다. 아날로그인이라고 부를 수 있는 그들은 최신 디지털 도구에 어두웠다. 그럼에도 온라인 수업이라는 위기의 봉착으로 플랫폼과 툴을 우걱우걱 배우려 했으나 마음처럼 안됐다. 아날로그 세대의 교사들은 열등감에 사로잡혔고, 좌절감을 맛봐야만 했다.

상황이야 어떻든 온라인 수업은 쓰나미처럼 몰려왔고, 그들은 살아남기 위해 달리고 또 달리는 수밖엔 없었다. 한 차시(수업 한 시간 동안 배우는 학습 분량)를 만드는데 보통 3~5시간이 걸렸고, 그중엔 밤을 지새운 선생님들도 있었다. 프레젠테이션을 만드는 것은 물론, 녹음과 녹화까지 해야 했으니까. 수업 영상을 만들어 올렸다고 끝난 게 아니었다. 막상 수업 시간이 되면 영상 재생이 안 된다느니, 프로그램 구동이 안 된다느니, 소리가 안 난다느니, 사이트 접속이 안 된다느니와 같은 민원을 받아야 했다. 선생님은 당혹스러웠다. 수업을 시작하기도 전에 이게 무슨 일이람. 본인도 모르는 문제를 해결하느라 기운을 다 쓰는 일은 잦았다. 그때 선생님은 배운다. AVI 파일과 MP4 파일이 다르다는 것과 동영상은 용량 조절이 필요하다는 걸. 안타깝게도 어렵사리 만든 온라인 수업은 학급별로 비교됐고, 학부모의 민원을 야기했다.《코로나 시대 교사 분투기》에서는 가장 힘들었던 상황을 이렇게 말한다.

"특히 맘카페로 교사들은 상처받았어요."

맘카페에서는 누구나 알 수 있는 특정 교사를 지목하며 평가했고, 더 나아가 학교마다 비교했다. 타 학교에 비해 부족한 점이 보이면 민원을 넣자고 담합하는 경우도 있었다. 맘카페의 영향력은 상상 이상이다. 국내 최대 맘카페는 회원 수가 무려 300만 명을 육박한다. 맘카페는 육아, 교육, 생활 등의 전반적인 정보를 공유한다. 나 역시 어린이집을 알아볼 때 맘카페의 도움을 받았다. 평이 좋은 어린이집은 리스트에 올렸고, 평이 나쁜 어린이집은 걸렀다. 요즘엔 지역별 혹은 아파트별로도 맘카페가 형성되고 있어 더욱 세세하고 명확한 정보를 얻을 수 있다. 그러다 보니 지역 상권에 미치는 영향은 크다. 한 맘카페에서 특정 음식점, 학원, 병원 등에 대한 좋은 글이 올라오면 그곳으로 사람들은 몰린다. 그에 반해, 부정적인 글이 올라오면 해당 업소는 적잖은 타격을 받는 경우도 있다.

그러니 교사들은 오죽했을까. 부모에게 아이 교육은 예민한 부분이다. 좋은 게 있으면 하나라도 더 해주고 싶은 게 부모 마음이다. 그러니 학교에서 만족스럽지 않은 부분이 있다면 부모는 그냥 지나칠수 없다. 앞에서 따지지 못하더라도 많은 사람에게 알리기 위해 맘카페에, 블로그에, SNS에 글을 쓰게 되니, 교사들은 긴장할 수밖에.

교사들의 스트레스는 이것만이 아니었다. 아이 수업 문제로 학부모와 상담할 때면 곤혹스러울 때도 있었다. 아이를 몇 번 봤다고 평가하냐고 지적하는 부모, 코로나로 생계도 힘든데 아이 교육 문제로 왈가왈부하는 게 뭔 소용이냐며 짜증 내는 부모도 있었던 것이다. 무엇보다 비대면 교육이 시작된 후론 학부모의 부탁과 문자는 많아졌고, 전화 통화도 빈번해졌다. 수업을 운영하고 아이들을 관리하면서도 그모든 걸 해내야 했다. 《코로나 시대 교사 분투기》의 저자 이보경 교사는 마치 자기가 콜센터 직원이 된 거 같았다고 말한다.

교사들은 교사대로 이 초유의 경험 속에서 어떻게 헤쳐가야 할지 하루하루가 막막했다. 온라인 수업이 자리 잡지도 못한 상황에서 세세한 방침을 내리는 교육부로 인해 교육청은 우왕좌왕했고, 학교는 혼란스러웠다. 1학기엔 온라인 수업이었다가, 2학기엔 쌍방향 수업이었다가, 온라인과 오프라인 수업도 수시로 바뀌었다. 등교할 때는 사회적 거리 두기에 따라 2/3에서 1/3로, 1/3에서 2/3로, 주 2회 등교였다가, 주 3회 등교였다가, 주 4회 등교로 시시각각 변했다.

날뛰는 교육과정으로 교사들은 지쳐갔다.(물론 학부모도, 아이들도) 이런 과정에서 불편함과 불만을 느낀 부모는 따졌고, 민원을 처리하는 건 선생님 몫이었다. 해결할 수 없는 일을 요구하는 부모들로 선생님은 곤욕을 치르기도 했다. 수업, 아이들 관리, 민원처리로 24시간이 모자란 선생님은 정작 자신의 자녀는 돌볼 수 없었다.

이처럼 교사들은 처절히 분투했다. 영혼을 갈아 넣으며 노력했고 앞으로도 계속 그럴 것이다. 나는 바란다. 이 글을 쓰기 전의 나처럼 코로나 시대 교사는 놀고먹었다고 생각하는 사람이 줄어들길. 교사가 얼마나 고군분투하는지, 얼마나 지쳐 있는지, 얼마나 노력하고 있는지. 많은 사람들이 알아주길. 마지막으로 꼭 하고 싶은 말이 있다.

"이 땅의 모든 선생님! 머리 숙여 진심으로 감사드립니다. 그동안 애쓰셨고 정말 고생하셨습니다!"

교사의 생존을 위한 분투기는 앞으로도 계속될 것이다. 그리고 많은 교사들이 노력을 하고 있지만 등교 수업, 온라인 수업, 쌍방향 수업을 병행하며 많이 지쳐 있음을, 그래서 수업을 돌아볼 여유도 없는 안타까운 상황임을 잊지 않아 주었으면 좋겠다.

-《코로나 시대 교사 분투기》 중에서

재롱잔치를 영상으로
찍어서 보내준다고?!

재롱잔치 시즌이었다. 다행히 3차 대유행은 사그라들고 있었다. 그러나 지인들은 말했다.

"우리 유치원은 재롱잔치 영상으로 찍어서 보내준대."

"아들의 학예회가 취소됐어요. 열심히 연습했는데……."

그들에 비해 우리 아이의 어린이집은 2주나 재롱잔치가 늦었다. 그래서 희망을 품었다. 취소되지도 않을뿐더러 참석해서 볼 수 있을 거라고. 이번만큼은 꼭 참석하고 싶었다. 왜냐하면, 딸의 마지막 재롱잔치였기 때문이다. 마지막이므로 직접 보며, 응원하고 환호하고 격려해 주고 싶었다. 코로나로 부모 참여 수업을 못한 건 아쉽지 않은데, 딸의 마지막 재롱잔치는 관람하지 못하면 서운할 듯했다. 재롱잔치를 1주일 남긴 금요일 어린이집에 공지가 떴다.

'재롱잔치는 원에서 영상으로 찍어서 발송합니다.'

3차 대유행이 한풀 꺾이며 진정세에 돌입하던 시기였다. 대면으로 진행하면 안 되냐고 묻고 싶었지만 그럴 수 없었다. 코로나는 나아지고 있었지만 완전히 사라진 건 아니었으므로. 아쉬움보다 안전한 게 우선이었다. 하루하루 정신없이 지내다 보니 재롱잔치 당일이 되었다. 영상을 어떻게 찍어서 보내줄지 궁금했다. 늦은 오후에 전송된 알림장엔 재롱잔치 영상과 함께 글이 적혀 있었다. 영상을 보기 전 글부터 봤다. 세연인 강당으로 내려가기 전 파트너와 으쌰으쌰 구호도 외치며 신나했으나, 막상 무대가 시작되자 잔뜩 긴장해서 쭈뼛거렸다고 한다. 그렇지만 금세 열심히 노래 불렀다고 적혀 있었다.

화면을 올려 영상을 봤다. 영상 섬네일엔 두 여자아이가 마이크 앞에 서 있었다. 왼쪽은 세연이었고, 오른쪽은 세연이와 친한 친구였다. 아이들 뒤로는 ○○○○ 어린이집 동요·동시 발표회라는 현수막이 벽 하나를 차지하고 있었고, 바닥에는 하얗고 노랑 풍선이 한가득 깔려 있었다. 재생 버튼을 눌렀다. 담임 선생님의 목소리가 들렸다.

"우리 무슨 노래 부를 거죠?"

"〈얼굴 찌푸리지 말아요〉!

우렁차게 대답한 세연이는 손을 팔랑거리며 한 바퀴 돌았다. 그리고 오른손을 불끈 쥐며 파트너에게 파이팅 했다. 반주가 흘렀다.

"얼굴 찌푸리지 말아요~ 우리가 힘들잖아요~"

두 아이는 어깨를 으쓱으쓱 거리며 소리 높여 불렀다. 우리 딸은 중간중간 윙크하며 계속 폴짝폴짝 뛰었다. 노래가 울려 퍼지자 노래 박자에 맞춰 박수소리가 들렸다. 근데 그게 다였다. 불과 얼마 전까지만 해도 재롱잔치는 부모와 조부모 그리고 형제들로 강당을 가득 채웠다. 아이들이 동시 낭독을, 노래를, 율동을 하면 그들의 부모는 "○

○○ 잘한다!"" ○○○ 멋지다!"를 비롯한 환호가 강당에 쩌렁쩌렁 울렸다. 부모에게 노래를 부르면서도 손가락 브이를 날리는 아이도 있었고, 계획에 없던 율동을 하며 재롱부리는 아이도 있는가 하면, 노래 가사를 까먹어 우는 아이도 있었다. 그 앞에서 부모들은 같이 웃고, 안타까워하며 한마음 한뜻으로 아이들의 공연을 응원했다.

그랬기 때문에 올해 어린이집 재롱잔치 영상은 아쉬웠다. 분명 친구들과 동생들이 열심히 손뼉 쳐줬지만, 부모만큼 하겠는가. 분명 선생님과 원장님이 잘했다고 칭찬하고 환호해 줬겠지만, 어린이집 강당을 가득 채운 부모들의 함성과 환호에 비하겠는가. 다행스럽게도 아이는 개의치 않았다. 재밌었다며 즐거워했다. 그날 저녁, 밥을 먹다 말고 아이는 물었다.

"엄마! 내가 노래한 거 선생님이 보내줬어?"

"응! 선생님이 세연이 너무 너~무 잘했다고 최고라고 그랬어! 율동하면서 씩씩하게 너무 잘 부르던데!"

세연이에게 재롱잔치 영상을 보여주자, 부끄럽다며 얼굴을 파묻더니, 곧 얼굴을 빼꼼 내밀며 히히히 웃으며 자랑하기 바빴다.

"엄마! 있잖아~ 앞에서 노래하기 무서웠는데, 친구들이 손뼉 쳐주고, 선생님이 응원해 줘서 부를 수 있었어!"

"우아! 그랬어? 친구랑 선생님 응원받고 너무너무 잘 해냈는걸! 너무 잘 불렀어! 율동도 잘 했고!"

엄마, 아빠의 응원을 받았다면 더 신나게 부를 수 있었을 텐데라는 생각을 품다가도, 엄마, 아빠 없이도 친구와 선생님의 응원으로 재롱 잔치를 멋지게 해낸 아이가 대견했다. 지금 내가 할 수 있는 건 아이에게 잘했다고 칭찬해 주는 것과 영상을 잘 저장하고 보관하는 것뿐이었다. 밥을 다 먹고선 세연이를 포근이 안으며 말했다.

"세연아! 멋진 노래 불러줘서 고마워! 그리고 고생했어!"

이 시기에 입원이라니……

아침에 둘째가 일어나질 못했다. 자다가도 벌떡 일어나는 'bounce patrol'의 〈Baby Shark Finger Family〉를 틀었는데도, 눈만 꿈벅거리며 화면만 응시할 뿐이었다. 보통 때라면 두 손을 휘젓고 방방 뛰면서 춤을 춰도 모자랐을 텐데. 아무리 노래를 틀어 흥을 돋워봐도 외려 내 품에 안겨 눈만 감았다. 예감이 좋지 않았다. 불과 이틀 전에 위장염으로 입원했다가 퇴원했었기 때문이다. 일단 뭐라도 먹이기로 했다. 밥에 김을 싸서 주자 두어 개 먹더니 물을 달랬다. 두 컵이나 벌컥벌컥 마신 후 20분도 안 돼서 다시 한 컵을 마셨다. 그리곤 안방으로 가서 눕더니 그대로 잠들었다.

'이게 무슨 일이야?! 깨난 지 한 시간도 안 돼서 다시 잠들다니!'

여태껏 없었던 일이다. 불안했으나 깨우지 않기로 했다. 자고 나면 나아지길 바랐으니까. 50분 후 세윤이는 문을 열고 나왔다. 다시 내 품에 안기더니 눈을 감았다. 드문드문 눈은 떴으나, 초점은 멍했고, 축 늘어졌다.

"세윤아! 세윤아! 정신 좀 차려봐! 최세윤! 일어나 봐!!"

손이 떨렸다. 이렇게 있으면 안 될 거 같았다. 아이를 그대로 눕힌 후 기저귀 가방을 꺼내와 기저귀, 물티슈, 젤리, 빨대컵을 넣었다. 혹시 모르니 여벌 옷과 핸드폰 충전기까지 챙겼다. 나부터 옷을 갈아입고 세윤이에게 옷을 입혔다. 부천 성모 병원에 들어서니 직원이 열체크를 했다. 그리고 키오스크에서 간단히 문진표를 체크한 후 아이 것과 내 것 두 장의 출입증을 발급받았다. 소아과 외래는 한산했다. 덕분에 당일 접수였음에도 30분도 안 돼서 진료를 볼 수 있었다. 교수님은 아이 상태를 보더니 말했다.

"저번처럼 저혈당이 심하게 왔을 수도 있어요. 일단 수액을 2시간 맞으면서 아이 상태를 보죠. 아이들은 웬만해선 수액 맞으면 컨디션이 돌아오거든요. 근데 맞고도 여전하면 입원해야 할 수도 있어요."

세윤이는 수액을 맞았고, 1시간 반 동안 세 차례나 깼다 잠들기를 반복했다. 간호사가 와서 물었다.

"어때요?"

"여전히 기운이 없는데요!"

얼마 후 다시 돌아온 간호사는 입을 뗐다.

"어머님만 잠깐 교수님께 설명 듣고 오실래요? 아이는 저희가 보고 있을게요."

교수님은 입원하자고 했다. 4시 45분이었다. 대기실로 나오자 코로나 검사가 곧 마감이라며 간호사들은 부산스러웠다. 코로나 검사를 지금 해야 저녁 8시에 결과가 나와서 입원할 수 있다는 것이었다. 안

그러면 내일 아침 8시까지 응급실에서 대기해야 한다고. 당연히 결과가 빨리 나오는 게 나았다. 하지만 그러기 위해선 문제가 있었으니! 코로나 검사를 받는 장소가 아이와 내가 달랐단 것이고, 무엇보다 15분 안에 모든 걸 처리해야 한다는 사실이었다. 한 손으론 아이를 안고 남은 손으로 폴대를 민 채 2층 수납처를 거쳐 1층 외부 검사실과 선별 진료소까지 가는 건 무리였다. 간호사들은 연신 여기저기 전화를 걸며 부탁했다. 서로가 우왕좌왕할 때 수간호사가 단호히 정리했다.

"어머니! 저희 신속해야 해요! 검사 마감이 5시거든요! 일단 ○○○ 간호사!! 어머니 카드 받아서 수납하고 오고! 어머니는 저랑 같이 1층 선별 진료소랑 외부 검사실에 간 후 응급실로 가자고요! 저희가 최대한 도와드릴게요."

수간호사가 옆에서 폴대를 밀어주었음에도 원내의 인파를 피하며 나가자니 속도가 더뎠다. 2층에서 1층. 그리고 밖에 있는 선별 진료소까지 가려니 아이를 안고 있는 팔이 뜯어져 나갈 거 같았다. 걷다 뛰다 하며 선별 진료소 앞에 도착했다. 선별 진료소에서의 검사를 끝낸 후 서둘러 외부 검사실로 이동했다. 시간은 4시 59분이었다.

우린 마침내 응급실로 들어섰다. 수간호사는 치료 잘 받고 가라고 인사했다. 나는 몇 번이나 고맙다고 말씀드렸다. 너무 고마워서 부천 성모 병원 홈페이지 고객 사연에 감사의 글을 써서 널리 알려야겠다고 다짐했다. 만약 수간호사 쌤이 옆에서 도와주지 않았다면 어땠을까. 생각도 하기 싫어 고개를 절레절레 저었다.

응급실 간호사와 의사는 세윤이를 보며 또 왔냐고 인사했다. 피검사를 하는데도 아이는 축 늘어져 울지도 못했다. 8시 반 '코로나 음성'. 짐을 챙겨 10층 소아과 병동으로 향했다. 입원하는 동안 보호자는 1명만 들어갈 수 있어서 신랑은 짐만 내려놓고 바로 나가야 했다. 앞으로 4박 5일 동안 아이와 둘이서 실랑이할 걸 생각하니 한숨이 절로 나왔다. 병동 간호사가 와서는 누누이 강조했다.

"입원 중엔 소아과 병동에서 벗어나면 안 돼요! 그리고 다른 외부인은 들어올 수 없어요! 만약 받을 물품이 있다면 저녁 6시 전엔 원무과 직원이 1층에서 받아서 병실로 갖다 주실 거예요. 밤 9시 후엔 10층 엘리베이터 앞에서 남편분에게 물건을 받아 보실 수 있고요."

첫날이야 아이가 기운이 없어서 괜찮았다지만 컨디션이 돌아온 이튿날부턴 전쟁이었다. 아이는 수액 라인을 계속 당겼고, 링거 손목 보호대(?)를 빼려 했으나, 안 빠지자 자지러지게 울어댔다. 둘째 날은 수액 라인을 적응하느라 예민해진 아이의 짜증과 보챔을 받아내느라 하루가 길었다. 셋째 날부터 아이는 나가고 싶어 했다. 폴대를 밀며 대략 150m밖에 안 되는 복도를 20여 분 걸었다. 오전에 두어 번 걷고 저녁에 두어 번 걸었다. 마지막 복도 산책 때는 소아과 격리 문 밖으로 나가자며 자동 유리문에 얼굴을 바짝 갖다 댔다. 문을 열고 휴게실로 나갔다. 의자는 한 곳에 모여 있었고, '사용금지'라는 종이가 덩그러니 붙어 있었다. 반짝거리는 자판기의 버튼을 보자 아이는 폴짝폴짝 뛰었고, 창밖에 쌩쌩 달리는 자동차를 보며 환호했다. 그러다가도 엘리베이터 문이 열리면 냅따 달렸고 내게 잡혀 울었다.

3일 동안 신랑과 나는 밤 10시에 10층 엘리베이터 앞에서 만났다.

물품만 받고 5분 정도 얘기한 후 헤어져야 했다. 더 이야기하려 하면 눈치가 보였다. 신랑과 헤어지고 병동 스크린도어에 바코드 팔찌를 갖다 댈 때면 혼자 전쟁터로 나가는 기분이었다.

남은 기간 동안은 아이에게 핸드폰을 원 없이 보여줬다. 아이와 실랑이 하는 게 고역이었기 때문이다.

드디어 퇴원 날이 밝았다. 지금까지 했던 입원 중 역대급으로 힘들었다. 입원에 대한 규제 중에서도 산책하러 나갈 수 없는 것과 면회가 안 되는 건 정말 고역이었다. 그나마 다행인 건 병실 침대에선 마스크를 끼지 않아도 뭐라고 안 했다.(대신 커튼을 쳤고, 주치의나 간호사 올 때는 다시 꼈다.) 만약 병실에서조차 마스크를 내내 껴야 했다면 곱절로 힘들었을 테다.

나오기 전 병동을 둘러봤다. 코로나 중에도 아픈 아이를 지켜내고자 분투하는 많은 엄마들이 있었다. 그녀들은 병과도 싸웠고 코로나와도 싸웠다. 먼저 퇴원하는 게 내심 미안해지려는데 엘리베이터 문이 열렸다. 세윤이는 냅다 탄 후 내 눈치를 살폈다. 엄마가 제재를 안 하자 그제야 환하게 웃는다. 병원 1층은 사람들로 복작였다. 할머니, 할아버지, 아이, 엄마 할 거 없이 다들 마스크를 꼈고, 다들 어딘가로 분주히 움직였다. 병원 밖으로 한 발 내딛는 순간 몸의 긴장이 스르륵 풀렸다. 어서 집에 가서 쉬고 싶었다. 그날따라 하늘은 너무도 화창했다. 눈이 부셨다.

분투하는 태권도 관장님

2020년 1월 30일 태권도 네이버 밴드에 공지 하나가 떴다.

코로나 바이러스를 통해 불안해하고 있는 우리 가족 여러분!
예방 차원에서 자체 방역을 열심히 하고 있습니다.

글과 함께 첨부된 사진에는 태권도장, 건물 내 계단 손잡이, 화장실, 차량 시트 및 안전벨트, 아이들이 사용하는 수련 용품 및 줄넘기 하나하나까지 소독하는 관장님의 사진이 담겨 있었다. 염려하고 걱정하는 부모들을 위해 관장으로서 할 수 있는 책임을 다하겠다며 우리를 안심시켰다. 그때까지만 해도 관장님은 코로나와 징글징글하게 싸우게 될 거라고는 예상하지 못했다.

2020년 2월엔 11일, 3월엔 한 달, 9월엔 2주, 12월엔 한 달. 굵직한 휴관 외로도 3일 안짝의 휴관은 거듭됐다. 이쩔 수 없는 휴관으로 관장님과 지도부는 매번 회의를 잇달아 했다. 회의 내용 중엔 아이들이 가정에서도 수련할 수 있도록 교육 영상을 밴드에 올리는 것도 포함되어 있었다. 그렇게 2020년 2월 3일 휴관에 의한 첫 교육 영상이 밴드에 올라왔다.

"사랑하는 제자들아! 우리 가정에서도 열심히 수련해서 코로나를 이겨내자! 알겠지? 다 같이 파이팅!"

관장님의 쩌렁쩌렁한 구호와 함께 수련은 시작됐다. 신나는 음악에 맞춰 몸풀기가 진행됐고, 막기 7동작과 기본 서기 동작으로 마무리됐다. 그리고 다음날 홈트레이닝 게시글 댓글엔 영상을 보며 수련하는 아이들의 인증 사진이 주르륵 달렸다. 태권도 홈트레이닝 영상은 휴관 때마다 업로드됐고, 그때마다 댓글엔 가정에서 수련하는 아이들의 사진으로 가득했다.

관장님은 그 어느 때보다도 기민하게 도장을 운영해갔다. 시시때때로 바뀌는 정부 방침에 귀 기울이며 신속하게 대처했고, 실내 체육시설의 단계별 인원 제한 역시 재빠르게 따랐다. 그리하여 매 타임 수련 인원은 9명이었다가, 18명이었다가 10명, 21명으로 유동적으로 변했다. 휴관일 때는 휴관에 맞춰, 정원제 수업일 때는 정원제 수업에 맞춰 도장을 운영하면서도, 본인이 할 수 있는 일을 이리저리 찾아 하나라도 더 하려 했다.

민감한 부분인 교육비는 휴관 일수에 맞춰 세심히 계산하여 차감했고, 힘이 나는 영상이나 문구가 있으면 밴드에 올려 부모를 격려했으며, 면역력 증진에 좋은 진피차를 구입해 손수 포장한 후 나눠주기도 했다. 거기다 소독제를 공병에 일일이 담아 코로나 접근금지 부적을 붙여 집으로 보내주기도 했으며, 싱숭생숭한 어린이날엔 손수 의

뢰해서 만든 마스크를 아이들에게 선물했다. 하물며 얼마 후엔 아이들 이름이 새겨진 마스크 스트랩을 만들어 건네기도 했다.

그 외로도 여러 이벤트를 진행했는데, 그중에서도 잊지 못할 이벤트가 두 개 있다. 모두 휴관 중에 행해진 이벤트로, 첫 번째는 워크북에 대한 것이고, 두 번째는 떡볶이에 대한 것이다. 워크북에 대한 이야기부터 풀어보자면 이렇다. 가정 보육 장기화로 부모와 아이들 모두 힘든 시간을 보낼 때였다. 관장님은 나오고 싶어도 자유롭게 나올 수 없는 아이들과 힘든 시간을 보내는 부모들에게 힘을 보태고 싶었다. 여러 날을 고민하던 중 워크북을 생각해냈다. 워크북의 사전적 의미는 학생들이 스스로 학습할 수 있도록 만든 보충 교재다. 근데 관장님은 여기에 학습 대신 놀이로 대체해 놀이 워크북을 제작한 것이다. 관장님이 손수 만든 놀이 워크북엔 미로 찾기, 종이접기, 숨은 그림 찾기, 브롤스타즈 캐릭터 색칠하기 등 수많은 놀이가 채워져 있었는데, 두께가 문제집 한 권만 했다.

그리고 떡볶이에 대한 이야기는 이렇다. 아이들에게 즐거움을 줄 수 있는 일이 무엇이 더 있을까를 고민하던 중에 떡볶이가 생각났다고 한다. 코로나 이전만 하더라도 도장에선 많은 행사와 파티를 열었는데, 그때마다 떡볶이를 포함한 많은 음식을 만들어 먹었다. 그중에서 인기 메뉴는 관장님표 떡볶이였던 것이니! 마음 같아서는 도장에서 파티를 열고, 떡볶이 외로도 맛있는 음식을 만들어 먹으며 놀고 싶건만! 시기가 시기인 만큼 집에서나마 관장님표 떡볶이를 만들어 먹으면 아이들이 즐거워하지 않을까 싶었던 거다. 특제 양념이 들어간 소스, 쫄깃한 떡과 어묵, 거기에 라면사리까지 일일이 자르고 포장하여 제자들의 집에 선물했다. 무엇보다 감동적인 건 놀이 워크북도, 떡볶이 재료도 모두 관장님과 지도진이 문 앞까지 손수 배달해 주었다는 것이다.

문 앞에 놓여 있는 깜짝 선물로 아이는 신나했고, 나 역시 즐거웠다. 집으로 배달된 선물을 받을 때마다 마치 산타 할아버지가 왔다 간 듯 설레었다. 37년을 살아온 나 역시 학창 시절을 보냈고, 수많은 선생님을 만났다. 근데 관장님처럼 아이들과 부모를 생각하며 온 마음을 다해 챙기는 선생님은 본 적이 없었다. 그렇기 때문에 더욱 감탄했고, 마음 깊이 감사했다. 그럼에도 불구하고 휴관이란 어퍼컷은 번번이 관장님에게 정통으로 날아왔다. 너무 안타까웠다. 그러던 어느 날 네이버 밴드에 장문의 글이 하나 올라왔다.

'참 시작부터 어려움이 많은 2020년인 거 같습니다. 부모님 저는 제자들을 가르치는 스승이기도 하지만 교육을 본업으로 하는 개인사업자입니다. 저는 부자가 아닙니다. 집이 있는 것도 아니고, 건물이 있는 것도 아닙니다. 월세를 내는 임차인이고, 다달이 대출을 갚아 나가는 사람입니다. 관장으로서 매달 직원들의 인건비를 챙기고, 그 외로도 고정 지출을 냅니다. 한 달 벌어 한 달을 먹고사는 자영업자로서 많이 어렵습니다. 요즘은 여기저기 은행을 알아보러 다니느라 너무 힘이 듭니다. 요 근래 지인들에게 사업 또는 도장을 폐업한다는 연락을 많이 받습니다. 올해 1년은 쉽지 않을 거라 생각합니다. 글을 쓰면서도 너무 속상해서 눈물이 흐르네요.'

숨죽여 읽던 나는 마음이 저릿했다. 훌륭한 관장님이 도장을 그만두는 사태는 보고 싶지 않았다. 내가 할 수 있는 일이라곤 글 아래에 응원 댓글을 다는 것뿐이었다. 얼마 지나지 않아 내 댓글 아래로 수많은 부모들의 응원 댓글이 줄을 이었다.

'관장님 조금만 더 힘내주세요!'

'관장님 마음이 참 아프네요. 기운 내세요! 파이팅!'

'힘든 상황에서도 웃음 잃지 않고 긍정적인 관장님의 모습에서 오히려 많은 걸 배웁니다. 힘내세요!'

'아이들 생각하는 마음 항상 감사합니다. 우리 모두 건강한 모습으로 다시 만나길 기도합니다.'

'우리 모두 모두 힘내봐요!'

'관장님 이 또한 지나갈 것입니다. 힘내세요! 건강 잘 챙기시고요!'

관장님은 언제나 꼿꼿하고 늠름한 모습으로 우리를 대했다. 그래서일까. 나는 그녀의 상황이 그토록 어렵다는 생각은 하지 못했다. 밴드를 통해 심경을 알리지 않았다면 끝까지 몰랐을지도 모른다. 실오라기 걸치지 않고 본인의 상황과 감정을 있는 그대로 담담히 고백하는 부분에선 미안함마저 들었다. 알아주지 못했다는 죄송함이랄까. 그녀가 마음을 열어 고백하자 부모들은 그녀를 관장이기 전에 한 사람으로 열렬히 응원하기 시작했다. 얼마 후 관장님은 비장한 각오를 다지는 글을 올렸다.

부모님! 저는 뿌리 깊은 나무처럼 이 자리를 굳건히 지키며 버티고 버티겠습니다. 사랑하는 제자들을 위해! 그리고 저를 믿고 응원해 주시는 부모님을 위해! 지금의 자리를 지키며 꼭! 보답해 드리겠습니다!

그녀의 다짐이 그 어느 때보다도 기뻤다. 앞이 막막할 때, 힘겨운 시기를 지날 때, 자신을 믿어주고 신뢰해 주는 누군가가 있다는 건 강력한 힘을 발휘한다. 주저앉은 이를 일으켜 세우고 계속 나아갈 수 있게 등 떠민다. 관장님이 주저앉지 않고 견딜 수 있었던 건 부모들의 진심 어린 신뢰와 응원이었다. 그녀는 오늘도 자리를 지키며 코로나 시국을 씩씩하게 헤쳐가고 있다.

이런 결혼식이라니!

친한 동생 H가 문자를 보내왔다.

언니~ 요즘 코로나 때문에 힘들지?ㅠㅠ 이 시국에 결혼 소식 전하게 돼서 미안해. 시국이 시국이니까 안 와도 괜찮아. 부담 갖지 말고.

코로나 시대에 결혼식을 하게 된 이들은 너나 할 거 없이 지인들에게 결혼 일정을 알리는 게 조심스럽고 난처했다. 동생 H는 2020년 9월에 결혼식을 했는데, 특히 그때는 상황이 좋지 못했다. 8월 30일 종료 예정이었던 수도권 사회적 거리 두기 2단계는 2.5단계로 강화되는 것도 모자라 1주가 연장됐고, 또 1주가 연장됐다. 그 당시에 2.5단계는 여태껏 해왔던 조치 중 초강수였고, 규제 내용은 한층 강했다.

2.5단계 규제 내용에는 실내 50인 이상, 실외 100인 이상의 집합·모임·행사 금지 조항도 있었는데, 결혼식도 여기에 포함된다. 예비부부들은 50명 이상의 하객을 초청할 수 없다는 사실에, 취소 또는 연기를 하거나, 50명 미만의 스몰 웨딩을 해야 했다. 하물며 50명이란 인

원 안에는 예식장 직원도 포함된다는 사실! 그렇기 때문에 직원을 제외하면 실제로 홀 안에 들어갈 수 있는 인원은 얼마 되지 않았고, 거기다 직계 가족과 친인척을 제외하면 지인들의 비율은 지극히 낮아질 수밖에 없었다. 급기야 어렵게 온 하객들에겐 식사 대신 답례품을 건네야 했다.

사실 H는 결혼식을 6월에서 9월로 한차례 미룬 것이었다. 6월의 상황이 좋지 않아, 3달 후로 옮긴 것인데, 더 안 좋아질 줄이야. 그래서 동생은 더욱 속상해했다.

"나 너무 슬퍼……. 진짜 눈물 난다……. 이런 연락 돌리는 것도 속상하고, 이 상황에 올 사람이 있을까 싶고, 친척들도 안 올 수도 있대. 홀 안이 텅텅 비겠당. 상황이 이렇다 보니 신혼여행은 알아보지도 않았어."

누구라도 슬프고 속상할 테다. 가장 축복받아야 하는 자리가 곤란한 자리가 되었기 때문이다. 나는 H를 위로해 주고 싶었고, 기운을 북돋아 주고 싶었다. 그래서 참석하기로 마음먹었다. 홀 안에 들어가지 못하더라도, 잠깐이나마 얼굴 보며 격려와 함께 축복해 주고 싶었다.

결혼식 당일 식장 앞은 한산했다. 앞을 서성이는 대부분의 사람들 손엔 똑같이 생긴 종이 박스가 대롱대롱 들려 있었다. 납작한 모양도 있었고, 길쭉한 모양도 있었으나, 길쭉한 모양이 더 많았다. 여기저기 둘러보다 대기실을 향했다. 다행히 대기실엔 출입 제한은 없었다. 환한 웃음으로 동생은 나를 맞았다. 머메이드 드레스는 몸매 라인을 부각시켰고, 쇄골과 가슴라인으로 떨어지는 오프숄더는 여성미를 극대화했으며, 잔잔하게 비치는 은색 펄 자수와 스팽글은 움직일 때마다 은은하게 빛나 우아함을 더했다. 그날의 동생은 여신 그 자체였다. 화려하면서도 단아한 여신! 아름다운 자태를 뽐내며 활짝 웃는 H를 보자 무겁던 마음은 눈 녹듯 사라졌다.

H는 내 손을 꼬옥 잡으며 고맙다고 연신 말했다. "뭘~넌 당연히 와야지. 그동안 결혼식 때문에 마음고생 많이 했겠다."라고 말하며 동생의 어깨를 토닥였다. 사진사가 촬영할 건지 물었고, 나는 고개를 끄덕였다. 포토그래퍼는 내게 사진 찍는 잠깐은 마스크를 벗어 달라고 요청했고 잽싸게 촬영을 마쳤다. 그 사이 대기실엔 H의 친구들이 들어왔다. 나는 H에게 있다 보자며 손을 흔든 후 물러섰다. 로비로 나오니 축의금 부스가 보였고, 그쪽으로 다가갔다. 건장한 남성에게 봉투를 건넸더니, 답례품이 한과와 와인이 있는데 어떤 것으로 가져갈 건지 물었다. 1초의 망설임도 없이 와인이라고 답했다. 그러자 손잡이가 달린 길쭉한 모양의 종이 상자를 주었다. 나도 길쭉한 모양의 종이 상자를 든 사람 중에 한 명이 되었다.

예식이 시작되려는지 로비에 있던 사람들이 하나 둘 홀 안으로 들어갔다. 홀 인원 제한 때문에 들어가야 할지, 말아야 할지 고민하고 있는데, 그 앞에 있던 직원이 35명이 아직 안 됐기 때문에 들어가도 좋다고 말했다. 조심스레 식장 안으로 들어갔다. 좌석은 한 칸씩 떨어 앉게 되어 있었다. 이곳저곳을 둘러보다가 목 좋은 곳으로 자리를 잡왔다. 얼마 후 식은 시작됐다. 훤칠한 신랑이 스포트라이트를 받으며 입장했고, 곧이어 H가 등장했다. 아버지 손을 잡고 주례대로 가는 동안 동생 얼굴엔 환한 미소가 사라지지 않았다. 그 모습을 놓치기 싫은 나는 사진과 영상을 연신 찍어댔다.

식은 마무리됐고, 이제 하객 촬영만 남았다. 성큼성큼 주례대 앞으로 걸어갔다. 솔직히 난 하객 촬영 때는 잠깐이라도 마스크를 벗고 사진을 찍을 줄 알았는데, 신랑, 신부 외엔 모두 마스크를 쓴 채 카메라를 바라봐야 했다. 그날의 촬영은 여느 때와는 달랐다. 보통 사진사 입에선 "환하게 웃어주세요~"라는 말을 남발하는데, 그날은 얼굴 표정이 안 나오기 때문에 제스처를 크게 크게 확실히 해달라고 여러 번 말했다. "큰 동작으로 박수 쳐주세요!" "양손으로 손하트 확실히 만들어주세요!" "애교 하트 발사하시는데 앞으로 잘 보이게 내밀어 주세요!"

1년이 지난 지금 그날의 사진을 본다. 환하게 웃는 신랑과 신부 뒤로 하얀 마스크들이 총총 눈에 들어온다. 마스크를 쓴 그들은 열심히 포즈를 취하고 있다. 사실 하객 사진을 볼 때의 재미는 그때 사람들의 표정이다. 촬영할 때는 몰랐던 주위 상황과 사람들의 모습을 보다 보면 웃음이 배시시 나온다. '이 분은 너무 웃어서 이빨만 보이네?!' '어머! 얘는 이쁘게도 미소 지었당!' '여긴 아이가 엄마한테서 벗어나려고 있는 대로 인상을 지었구나~'

근데 1년 전의 사진에선 그런 재미를 찾기 힘들었다. 죄다 마스크를 쓴 통에 눈만 보였기 때문이다. 예전 같으면 말도 안 되는 사진이다. 코시국 중에 결혼식을 올린 부부에게도, 결혼식을 앞둔 신랑, 신부에게도 참으로 안타까운 시절이다. 지금도 결혼을 앞둔 이들은 마음을 졸이며 기도한다. '제발…… 상황이 나빠지지 않게 해주세요.' 그러다 보면 상황이 나아졌을 때 식을 올리는 사람도 있고, H처럼 최악의 상황에서 식을 올리는 사람도 있다. 만에 하나 거리 두기가 상향된다면 그대로 진행해야 할지, 연기해야 할지 고민하게 될 테지만, 연기한다고 그때의 상황이 나아지리란 보장도 없기 때문에 마음은 무거우리라.

신혼여행은 또 어떤가. 이탈리아, 프랑스, 하와이 등의 인기 여행지는 생각할 수도 없다. 내 주위만 하더라도 95%는 제주로 떠났고, 나머지는 국내 다른 지역으로 여행 갔다. 가면 또 어떤가. 코로나의 동태를 살피며 조심히 움직여야 한다. 결혼식은 인생의 중요한 이벤트다. 그리고 신혼여행은 결혼의 메인이벤트라고 해도 무방하다. 두 사람의 사랑을 축복받으며, 새 출발을 알리는 인생의 중차대한 이벤트가 얼룩진다는 건 너무도 슬픈 일이다. 야속한 코로나여!

오랜만에 고향 제주로 그런데……

코로나 발현 이후 고향 제주에 가는 일은 확연히 줄었다. 1년에 많아야 3번 가던 게 1번으로 줄었으니까. 코로나만 아니었다면 연초에도 가고, 여름휴가 때도 내려가 아이들과 신나게 놀았을 테다. 작년엔 추석 때가 돼서야 처음으로 고향 땅을 밟았다. 그 시기 뉴스만 틀면 나오던 소식이 있었다.

추석 연휴 동안 고향과 해외여행 대신 제주를 찾는 사람들이 여름 성수기와 비슷한 20만 명에 이를 것으로 보입니다.

우리 집안은 조심하자는 주의였기 때문에, 뉴스 내용을 허투루 듣지 않았다. 서로 조심해야 한다며, 추석은 각자 집에서 보내기로 했다. 이 상황에서 어디 나돌아다니자니 눈치가 보였고, 우린 되도록 집에 콕 박혀 있어야 했다.

그 후로 8개월 만에 다시 제주를 찾았다. 찜찜함을 무릅쓰고 고향을 찾은 이유는 사촌 동생의 결혼식 때문이었다. 비행기 표를 예매할

당시 코로나 상황은 좋지도 나쁘지도 않았다. 그렇기 때문에 더 나빠지기 전에 결혼식 핑계로라도 제주에 다녀오는 게 좋을 듯했다. 통화할 때마다 손주들 안부를 묻고, 영상 통화로나마 아이들과 인사하며 그리움을 달래는 부모님 품에 손주를 직접 안겨드리고도 싶었다. 그래서 길게 고민하지 않기로 했다.

'그래! 내려갈 때 마스크 잘 쓰고, 내려가서도 돌아다니지 말고 집에서 시간 보내면 되지! 뭐~.'

제주로 떠나는 당일 공항엔 사람들로 득실득실했고, 비행기도 빈자리 없이 만석이었다. 평소보다 마스크에 신경이 쓰였다. 빈틈이 생기지 않도록, 내려가지 않도록 주의하며 만지작거렸다. 제주에 도착하자 공항 입구에서 엄마, 아빠가 우리를 환하게 웃으며 맞이했다. 오랜만에 외할아버지와 외할머니를 본 첫째는 쑥스러워했고, 둘째는 내 뒤로 숨어 금방이라도 울음을 터트릴 기세였다.

아이들은 외할아버지네 마당에서 분무기를 뿌리고, 날아가는 나비를 쫓고, 어딘가로 바삐 움직이는 콩벌레를 관찰하느라 즐거워했다. 근데 둘째 세윤이가 내려간 저녁부터 기침을 하기 시작했다. 잘 때는 더욱 콜록거렸다. 아침이 되자마자 엄마가 다니는 이비인후과로 향했다. 여기저기 살피던 의사는 목감기라며 약을 처방해 줬다. 이틀 후가 결혼식인데 걱정됐다. 이틀 동안 착실히 약을 먹이는 수밖에 달리 방법은 없었다. 결혼식 당일 둘째는 식장에서 계속 쿨럭거렸다. 눈치가 보였다. 안 되겠다 싶어서 다 끝날 때까지 아이와 밖에서 기다렸다.

결혼식이 끝나고는 기침이 잦아드는 듯하더니, 새벽에 다시 심해졌다. 하필 일요일이었다. 엄마는 근처에 365일 여는 병원이 있으니 걱정하지 말라고 했다. 신랑과 나는 병원 문이 열리는 시간에 맞춰 둘째를 데리고 그곳으로 향했다. 의사 선생님은 아이 상태를 살피며 말했다.

"기관지염이네요. 그에 따른 약을 처방할 테니 먹이면서 아이를 관찰해 주세요. 근데 혹시 코로나 검사받으셨나요? 안 하셨다면 받아 보시는 게 좋을 거 같아요. 요새 제주는 타지인에 대한 코로나 검사를 강화해서 기침이 지속된다면 검사를 권고하고 있거든요. 그래서 귀가하시기 전에 검사를 먼저 받으시는 게 좋을 거 같아요. 일요일에도 제주 보건소는 검사하니까. 그리로 가시면 돼요."

기관지염으로 진단받았지만 코로나라는 말은 가슴을 죄어오는 두근거림과 불편한 긴장감을 불러일으켰다. 보건소를 향하며 오만가지 생각이 들었다. '만약 코로나면 어쩌지?' '결혼식에 갔는데?' '괜히 내려왔나 봐. 오지 말걸 그랬어.' 보건소 선별 검사소는 주차장 구석에 마련되어 있었지만, 우글우글한 인파로 어렵지 않게 찾을 수 있었다. 대략 60명 정도 기다리는 듯했다. 접수 담당자는 자초지종을 들은 후 증상이 있는 아이만 코로나 검사를 받으면 된다고 했다. 한 시간이란 기다림 끝에 코로나 검사를 받을 수 있었다. 온몸으로 발버둥치며 대성통곡하는 아이를 신랑은 있는 힘껏 안아야 했다. 담당자는 민첩하고도 부드럽게 검사를 마쳤다. 나는 그녀에게 물었다.

"결과는 언제 나올까요? 저희 내일 오전에 비행기 타야 하거든요."

"글쎄요. 저희도 정확히 말씀드릴 순 없어요. 지금 검체가 많이 밀려 있는 상태거든요. 그렇지만 늦어도 내일 낮에는 나오지 않을까요?"

당장 내일 오전 11시에 김포행 비행기를 타야 하는 우리였다. 신랑은 밤늦게까지 결과가 나오지 않으면 비행기 시간을 옮기자고 했다. 집으로 돌아오자마자 새로 처방받은 약을 아이에게 먹였다. '제발 기침아 줄어라!' 제주에 내려온 후로 가장 잘 놀던 세윤이는 저녁 8시 반에 잠이 들었다. 평소보다 2시간이나 일렀다. 약 때문에 졸린가 보다 생각했다. 첫째와 놀다가 세윤이를 살피러 갔더니, 대자로 누워서는 이불을 저만치 걷어찬 채 자고 있었다. 이불을 덮어준 후 아이의 이마를 쓰다듬는 순간 표정은 빠르게 굳었다. 이마가 뜨거웠다.

"엄마! 체온계 있어?"

"아니~ 없는데~ 왜?"

"세윤이~ 열나는 거 같아!"

"뭐라고?!!!"

11시까지 여는 약국이 있다는 엄마의 말에, 신랑은 부리나케 운전해서 체온계, 해열제, 열패치를 사왔다. 비닐봉지에서 체온계를 잽싸게 꺼낸 나는 포장을 뜯고 세윤이 이마에 가져다 댔다. 삐빅! 38.2. 분위기가 심각해졌다. 엄마는 해열제를 먹인 후 응급실에 가자고 했고, 나는 응급실에 간다고 해주는 건 없으니 해열제를 먹이며 지켜보자고

했다. 거기다 코로나 결과도 안 나온 마당에 응급실에 가면 오히려 곤란해질 거라고 목소리를 높였다. 나와 엄마는 옥신각신했다. 그럴수록 괜히 내려왔다는 생각만 커졌다. 얼마나 지났을까. 저녁 10시 4분. 문자 하나가 왔다.

제주 보건소입니다. 코로나19 검사 결과 [음성] 판정임을 알려드립니다.

복잡하게 꼬여 있던 잡념들이 스르륵 풀렸다. 해열제를 먹은 세윤이는 열이 떨어지고 있었으나, 응급실에 데려가기로 했다. 둘째는 저혈당으로 두 차례 입원한 적이 있었고, 그때마다 소아과 주치의가 힘주어 강조한 말이 있었기 때문이다.

"세윤이 같은 경우엔 아파서 평소처럼 먹지 못하면! 저혈당이 확 와버려요! 다른 애들에 비해 그게 더 심하네요. 그러니까 아파서 잘 못 먹는다 싶으면 바로 병원이나 응급실에 가서 포도당이랑 영양제 꼭 맞으세요. 아셨죠?"

기침이 심해질수록 우유와 젤리 외엔 거의 먹지 않았던 세윤이었기에 혹시나 모를 저혈당을 예방해야 할 거 같았다. 응급실에 도착하자 의사 한 분이 나와서 여러 질문을 했다. "어디가 불편하신가요?" "언제부터 아팠죠?" "코로나 검사는 하셨나요?" "부모님은 하셨고요?" "아이는 언제 코로나 검사를 받은 거죠?" 나는 하나하나 찬찬히 대답했다. 세윤이의 코로나 검사 결과는 78시간이 지나지 않아 유효

했다. 근데 문제는 내가 타지인이라는 것과 코로나 검사를 받지 않았다는 사실이었다. 그로 인해 아이와 나는 격리실로 안내됐다. 격리실엔 침대 하나와 드레싱 카트만 덩그러니 놓여 있었고, 미닫이문은 통유리로 되어 있어 안과 밖이 그대로 노출됐다. 들어가서 문을 닫으니 마치 상점의 쇼윈도 안에 있는 듯했다. 곧이어 의사와 간호사가 들어왔다. 간호사는 수액 라인을 잡았고, 의사는 설명하기 시작했다.

"내일 오전에 서울로 떠나신다고 하셨잖아요. 그래서 다른 검사는 안 하고 수액만 놔 드릴 거예요. 수액에는 해열제와 포도당이랑 영양제가 들어가요. 2시간 정도 맞을 거고, 맞은 후 열이 올라가지 않으면 바로 귀가해도 될 거 같습니다."

보채는 아이를 핸드폰으로 달래며 2시간을 버텼다. 다행히 아이의 열은 오르지 않았다. 집으로 돌아온 시간은 새벽 1시. 긴 하루였다. 나는 나대로, 아이는 아이대로 피곤해서 금방 잠이 들었다. 잠에서 깨난 세윤이는 컨디션이 좋았다. 난 그 옆에서 짐을 싸느라 분주했고, 싸다 보니 어느새 비행기를 탈 시간이 다가왔다. 공항으로 가는 차 안에서 엄마는 입을 열었다.

"내색은 안 했지만, 어찌나 걱정했는지 몰라. 세윤이 코로나 검사 받았지. 열은 나지. 코로나 결과는 안 나오지. 만약 결과가 양성이면 어쩌나 싶더라고. 그러면 결혼식 간 사람 모두 검사 받아야 되는데 이게 보통 일이 아니잖니~ 아빠도 나도 어지간히 걱정되더라."

그랬다. 엄마는 아무 내색을 하지 않았다. 하물며 아무 일 없을 거라며 나를 격려해 주기까지 했다. 느지막이 부모님의 마음을 알게 되자 죄송했다.

코로나가 무서운 건 사랑하는 사람들에게 피해를 준다는 것이다. 만약 세윤이의 결과가 양성이었다면, 기분 좋게 마무리된 결혼식은 원망의 자리가 되었을 테다. 그리고 많은 사람들은 우리를, 그리고 나의 엄마, 아빠를 손찌검했을 테다. 겉으로 대놓고 탓하는 사람도 있을 테고, 뒤에서 욕하는 사람도 있을 테지. 우리 때문에 엄마, 아빠까지 힐난의 대상이 된다는 사실은 감당할 수 없을 만큼 고통스러울 거다. 거기까지 생각이 미치자 몸이 바들바들 떨렸다. 그 후로 엄마와 통화할 때면 종종 그날을 이야기한다.

"엄마~ 그날 진짜 아찔했어. 그치?"

내가 물었고,

"응 맞아! 정말 아찔했지! 그날만 생각하면 가슴이 막 떨려."

엄마가 대답했다.

자가격리 중에 응급실에
가야 하는데 이를 어쩌지

"어머니…… 흑흑흑. 정말 죄송합니다. 담임 선생님이 확진이세요."

아침 7시에 걸려 온 원장님의 전화에 하늘이 무너져 내렸다. TV에서만 보던 일이 내게도 일어나다니! 거기다 나를 더 낭떠러지로 밀친 건 옆반 담임 선생님도 확진이란 사실이었다. 분명 어제 둘째는 옆반 선생님의 케어를 받으며 등원했는데…… 이를 어쩌지. 확진자인 두 선생님과 시간을 보낸 세윤이가 확진자가 될 확률을 가늠해보니 머리가 지끈거렸다. 만약 확진자가 된다면, 우리 앞엔 어떤 일들이 벌어질까? 우리 애는 잘 버텨낼 수 있을까? 생각이 길어질수록 마음은 복잡해졌다.

온 가족이 코로나 검사를 받았다. 지금껏 코로나 검사만 다섯 번을 받았는데 결과를 기다리는 시간이 이토록 무섭진 않았었다. 그토록 기다리던 결과가 나온 시간은 다음날 9시 언저리였다. 막상 결과 문자를 받으니 마음은 수차례 팽창했다 쪼그라들었다. 핸드폰을 잡은 손에 힘이 들어갔고, 두 눈은 액정의 한곳을 매섭게 노려봤다. 세윤이도, 나도, 첫째도. 우리 가족 모두 음성이었다. 순간 신이 정말 존재하는 건 아닐까 생각했다. 나의 애타는 마음을 알아주신 거 같았으니까. 팽창과 꺼짐을 반복하던 마음은 다소곳해졌다. 이제 우리 앞에 놓인 2주 동안의 자가격리만 무사히 보내면 되었다. 각오를 단단히 다졌다. 그러나 격리 5일차에 상상하고 싶지도 않은 일이 벌어졌다.

커튼 사이로 아침 햇살이 따스히 비치던 8시 반 세윤이는 깨났고, 내 품에 안겼다. 거실로 나가자는 제스처를 취하길래 안고 나왔는데, 평소와 달리 맥이 없었다. 물을 달라기에 줬고, 벌컥벌컥 마시더니 소파에 철퍼덕 엎드렸다가 이내 내 품에 다시 안겼다. 기운을 차리지 못하던 세윤이는 구역질을 몇 번 하더니 구토를 했다. 내 옷과 세윤이 옷이 따스한 위액으로 젖어갔다.

"여보~ 여보~ 일어나 봐!"

그 사이에도 세윤이는 토를 해댔고, 맥없이 축 늘어진 채 힘없이 눈을 감았다. 내 눈동자는 한없이 흔들렸다. 몇 달 전의 상황과 같아도 너무 같았으니까. 저혈당으로 응급실과 입원을 몇 차례 해야 했던 그 상황이 그대로 펼쳐지고 있었다. 그때 의사에게 들었던 말이 떠올랐다. 저혈당 증상이 보이면 주스나 사탕류를 먹이라고, 냅다 세윤이 입에 마이쮸를 넣었다. 애가 오물오물거리며 씹기 시작했다. 그렇지만 5분도 안 돼서 마이쮸의 핑크빛이 그대로 위액과 함께 게워졌다.

"여보 안 되겠어! 병원 가야겠는데?! 근데 자가격리 중에 어떻게 병원 가지? 병원에서 받아주긴 하나?"

여기 저기서 신음하다

신랑은 자가격리 담당 공무원에게 전화를 걸었으나, 일요일이라 근무 시간이 아니라는 또랑또랑한 여성의 멘트만 흘러나왔다. 전화기를 내려놓자마자 생각할 겨를도 없이 1339부터 눌러댔다. 5분이 넘도록 연결은 안 됐다. 입이 바싹바싹 말랐다. 어렵게 연결된 상담사에게 자초지종을 설명하니, 부천 보건소로 전화 걸라며 번호를 알려줬다. 보건소로 전화해서 담당자와 통화했지만, 담당 공무원과 통화한 후 전화 준다면서 전화를 끊었다. 맥없이 누워 있는 세윤이를 보자, 꼬리에 꼬리를 무는 전화 연결에 마음은 타들어갔다. 10분은 지났을까. 보건소 담당자에게 전화가 왔다. 담당 공무원과 통화했고, 부천성모병원에 말해놨으니, 그쪽으로 전화 걸라며 전화번호를 알려줬다. 부천성모 병원에선 다행히 우리를 받아주기로 했고, 준비하려면 20분 정도 소요되니, 20분 후에 자차로 병원에 오라고 했다. 그 사이 나는 온몸이 위액으로 얼룩진 세윤이를 대강 씻겼고, 나도 대충 씻은 후 짐을 챙겼다. 그러다 보니 어느새 15분이 지나 있었다. 황급히 차를 타고 병원으로 향했다.

응급실에 들어서자 간호사 한 분이 우릴 맞이했다. 자가격리실이 있는 뒷문으로 들어가야 하므로, 신랑과 첫째는 더 이상 따라올 수 없다고 말했다. 두 사람에게 애처로운 눈빛을 보내며 손을 흔들었다. 간호사와 음침한 뒷길을 걷다 보니 응급실 뒷문이 나왔다. 거기로 들어가자마자 왼쪽 방으로 우릴 안내했다. 자가격리실로 들어가는 입구는 문을 두 개나 통과해야 했는데, 마치 비밀 연구소로 들어가는 듯했다.

자가격리실 즉 음압실은 1인 병실과 모양새가 같았다. 병실 한가운데 침대가 놓여 있었고, 구석엔 화장실이 딸려 있었다.

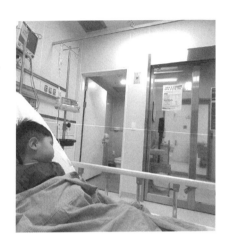

아이를 눕히자마자 간호사가 들어와서는 내게 선캡처럼 생긴 보호막과 가운 그리고 니트릴 장갑을 건네며 말했다.

"어머니! 방호복 입으셔야 해요!"

입고 나니 어색했다. 나를 쳐다본 세윤이는 사뭇 놀란 듯 눈이 커졌지만, 기력이 없어서 한번 흘겨 본 후 다시 눈을 감았다. 가져온 짐을 정리하는데 의사와 간호사가 들어왔다. 의사는 진행되는 검사와 치료에 대해 설명

했고, 간호사는 옆에서 라인을 잡았다. 아이는 맥이 없어서 바늘이 살을 찌르는데도 버둥거리지도 못했다. 포도당 수액이 연결됐고, 수액 라인에 포도당 주사가 주입됐다. 할 일을 다 한 의료진들은 분주히 병실을 나갔다. 의료진들이 들어오고 나갈 때마다 매번 방호복을 입고 벗었는데, 그 번거로움을 보자 내심 마음이 불편했다. 필요한 일이 아니면 의료진을 부르지 말아야지 생각했다. 세윤이는 음압실에서도 두어 차례 구역질을 하다가 토를 했다. 그런 후 힘없이 다시 잠들었다. 1시간 정도 수액을 맞고 있는데, 의사가 들어왔다.

"혈당은 정상으로 돌아왔어요. 1시간 후에 물 마시고 구토 안 하면 귀가해도 될 거 같아요."

"근데 선생님 저는 이왕 어렵게 온 거 입원까지 해서 하루 이틀 증상을 더 보고 싶어요. 저번에도 집에 갔다가 반나절 만에 다시 병원에 왔었거든요. 그때와 달리 지금은 응급실에 오고 싶어도, 음압실 자리가 없으면 올 수도 없는 거잖아요."

"그렇긴 하죠······. 알겠습니다. 입원하도록 하죠. 음압 병실 자리는 있을 거예요. 그럼 코로나 검사 바로 진행할게요."

음압 병실이기 때문에, 코로나 결과가 나오기 전에도 입실할 수 있었다. 병실에 올라가려니 007작전을 방불케 하는 진귀한 풍경이 펼쳐졌다. 우리는 자가격리자이기 때문에 사람들과 마주쳐선 안 되는 것이다. 우리 옆으론 병원 보안 요원이 붙었고, 사람들을 피해 구석으로 구석으로 돌아 병실에 도착했다.

　병실은 생각보다 좋았으나, 병실 구석에 있는 음압기는 마치 대형
실외기가 방 안에서 거침없이 돌아가듯 시끄러웠다. 병실로 올라와서
도 구역질을 하는 세윤이를 보자 의사는 입원하길 잘했다고 말했다.
입원하던 두 밤 동안 아이는 잘 먹어주었고, 잘 자주었다. 컨디션도 돌
아와 입도 쉬지 않고 재잘거렸다. 마지막 날 회진 때, 소아과 교수님과
주치의가 들어왔다. 그때 교수는 말했다. 예상치도 못한 말이었다.

　"어머니 정말 다행입니다. 옆에 계신 선생님이 잘 케어해주셔서
아이 상태가 좋아졌네요. 선생님이 수락해 주셨기 때문에, 어머니와
아이가 응급실에 올 수 있었어요. 만약 선생님이 거부했다면, 올 수
없었습니다. 얼마 전에 다른 지역에선 자가격리 중이던 어린아이가
화상을 입었는데, 병원마다 받아주지 않았어요. 요새 병원들은 자가
격리자를 받아주려 하지 않거든요. 그런 분위기인데도 불구하고, 선
생님이 받아주신 것이죠."

　그 말을 들으니 마음이 덜컹 내려앉았다. 만약 거부당했다면, 우리

에겐 어떤 일이 벌어졌을까 생각하니 아찔했다. 주치의에게 몇 번이고 감사하다고 연거푸 말했지만, 이걸로는 부족했다. 퇴원할 때 간호사에게 부탁해서 주치의 성함을 알아냈다. 이.정.ㅇ. 선생님. 평생 잊지 말아야겠다고 다짐하며, 어떻게 감사의 인사를 드릴지에 대한 고민을 시작했다. 그때 한 문장이 떠올랐다. "한 아이를 키우기 위해서는 온 마을이 필요하다." 전적으로 수긍이 갔다. 이번 일만 해도 그랬다. 보건소로 안내해 준 1339 상담원, 병원을 수소문해서 부천 성모병원으로 연결해 준 보건소 담당자, 자가 격리자임에도 우리를 받아준 이정ㅇ 의사 선생님, 아이를 적절히 체크하며 케어해준 간호사들. 그들의 분주한 손길로 우리는 아이를 지켜낼 수 있었다.

　부모가 되어 매번 느낀다. 아이를 키운다는 건 우리 가족만 아등바등 몸부림친다고 되는 건 아니라는 것을. 지금과 같은 위급한 상황에선 많은 분들의 손길이 함께할 때 비로소 부모는 아이를 지켜낼 수 있다. 물론 세상이 지금처럼 따스한 얼굴로 미소 짓기도 할 테지만, 때로는 자비 없는 얼굴로 인상을 찌푸리며 밀어낼지도 모른다. 그럼에도 아이를 지켜내기 위해 한 번 더 나아가고, 다시 온 몸에 푸른 멍이 들도록 온 힘을 다해 헤쳐가는 게 부모다. 그 과정에서 사람과 상황에 상처받고, 절망도 할 것이다. 앞으로 우리는 어떤 빛깔의 세상을 더 많이 만나게 될까. 그저 지금처럼만 미소를 지어준다면 우린 아이를 위험으로부터 지켜내며 무럭무럭 자라나게 할 수 있을 것이다.

chapter 3

| 세상 편 |

혼돈
속에서의
도모

우한의 참상을 넘어

2019년 12월 우한에 코로나 첫 확진자가 발생했다. 그 시기 머릿속에 선명히 각인된 인물이 있었는데 그분은 리원량 교수다. 그는 신종 코로나 바이러스를 세상에 처음 알린 인물이다. 중국 당국은 리원량 박사가 허위사실을 퍼트려 사회 질서를 어지럽혔다며 연행했고, 훈계서(조사자가 위법 사실을 인정하고 반성한다는 내용의 문서)에 날인을 받은 후에야 풀어 주었다. 그로부터 1주일 후 리원량 박사는 코로나에 걸린다. 그에게 녹내장 수술을 받았던 환자가 코로나 확진자였던 것이다. 코로나 확정을 받은 리원량 박사는 3주간 입원 치료를 받았으나 폐렴으로 악화돼 중환자실로 옮겨졌고, 끝내 숨을 거두고 만다. 그의 소식을 애석하게 전해 들으면서도 그때의 나는 코로나의 심각성이 피부로 와 닿지 않았었다. 우리나라에도 첫 확진자가 발생하기야 했지만, 우려할 정도의 상황은 아니었으니까.

얼마 후 우리나라는 대구 신천지 사태로 코로나가 전국으로 삽시간에 퍼졌다. 나의 일상 또한 삐거덕거리자 코로나의 심각성을 알렸던 리원량 교수가 자꾸만 떠올랐다. 그의 청렴에 다시 한 번 탄복하면서도 하루가 다르게 늘어나는 확진자 수를 볼 때면 우한에 대한 반감은 커져 갔다. 국내 첫 확진자가 중국 우한에서 입국한 중국 국적의 여성이라는 사실을 알았기 때문에 더욱 그랬다. 국내 상황이 진정되지 않자 중국에 대한 반감은 불신으로 번졌다. 중국의 모든 게 미워 보였다. 특히 그 당시 중국 정부의 행태는 더없이 못마땅했다. 여러 전문가와 국가들은 코로나 바이러스의 최초 유출지로 우한 바이러스 연구소를 지목했지만, 중국은 부인했다. 더군다나 '신종 우한 폐렴'이라고 불리는 것에 대해서도 강하게 비판했다. 방귀 뀐 놈이 성낸다더니 이 모양새가 딱 그렇게 보였다. 세계를 상대로 의혹을 받고 있으면 대문 활짝 열고 증명하면 될 일을, 문을 걸어 잠그고 조사 행위도 완강히 거부하고 있으니…… 의혹은 날로 커질 수밖에.

우한에 대한 기사를 TV나 인터넷으로 접할 때면 이맛살을 찌푸리면서도 궁금했다.

'우한 바이러스 연구소가 지목되는 이유가 정확히 뭐야?'

'그럼 우한의 상황은 어떻지?'

우한 바이러스 연구소는 동물에서 인간으로 전염되는 에볼라, 사스 등의 치명적인 바이러스를 연구하는 목적으로 설립되었다. 중국 관영 CCTV에서 방영된 우한 연구소에 관한 다큐멘터리를 보면 연구원들이 코로나 바이러스 숙주로 알려진 피피스테레 박쥐와 호스슈를 맨손으로 잡는 장면이 나온다. 이 부분을 주목해야 한다. 다큐멘터리가 방영된 직후 우한 바이러스 연구소 직원 여러 명은 의문의 호흡기 질환으로 병원에 입원했고, 이후 우한 지역에 코로나 바이러스가 퍼졌기 때문이다. 이러다 보니 전문가조차 코로나바이러스의 최초 유출지로 우한 바이러스 연구소를 의심할 수밖에 없는 것이다. 중국 바이러스 연구소는 2004년에 사스 바이러스를 유출시킨 전례도 있으니 말이다.

첫 번째 궁금증이 해소되자 우한의 상황을 알아보고 싶었다. 인터넷 서핑을 하다 《우한일기》라는 책을 발견했다. 며칠 후 도서관을 방문했고, 집으로 향하는 내 손엔 《우한일기》가 들려 있었다. 이 책은 76일간 봉쇄됐던 우한의 상황을 매일매일 웨이보에 기록했던 소설가 팡팡의 글을 하나로 묶은 것이다. 책을 읽다 보니 우한 시민들을 싸잡아서 미워한 내가 부끄러웠다. 우한은 참혹했다. 우한에 첫 확진자가 발생한 시기 타이밍이 좋지 않았다. 중국 명절과 맞물려 감염자 수가 폭증했던 것이다. 물밀듯 밀려드는 환자를 우한의 의료시스템은 감당하지 못해 붕괴 수준에 이른다. 바이러스가 급속도로 퍼지자 우한시 당국은 결국 도시를 봉쇄한다. 천년의 역사를 가진 인구 천만의 도시에서 전례 없는 일이 벌어진 것이다. 무수한 감염자들은 약을 구하고 의사를 만나기 위해 사방으로 뛰어다녀야 했고, 진료받기 위해 병원에서 밤새 줄을 서야 했다. 봉쇄령으로 모든 교통수단은 운행정지됐으므로, 우한 시민들이 얼마나 험난하게 병원을 향했을지 짐작이 가고도 남는다.

900만 명에 달하는 우한 시민들은 두려움에 벌벌 떨면서도 도시 봉쇄를 받아들이며 성실히 참여했다. 일례로 자발적으로 모여 인터넷

공동구매로 물건을 사며 생필품을 해결했다. 한편으로는 감염을 무릅쓰고 힘을 보태는 이들도 있었다. 수만 명의 청년들이 전염병의 최전선에서 자발적으로 봉사한 일이 대표적이다. 더불어 평생 저축한 돈을 기부하는 노인도 있었고, 힘든 상황에서도 의연하게 자리를 지키는 수많은 의료진들도 있었다. 그들은 역사상 전례 없는 상황을 이를 악물고 헤쳐갔다.

작가 팡팡 역시 작가로서 본분을 다했다. 좋은 일만 보도하고 나쁜 일은 숨기는 중국 정부의 은폐와 침묵을 낱낱이 기록하며 세상에 알린 것이다. 중국 내부의 비난과 협박 속에서도 직무를 다하지 않는 공무원과 전문가를 질책하는 모습에서, 더 나은 세상을 위한 그녀의 진심 어린 집념이 느껴졌다. 다수의 문학상을 받은 명망 높은 소설가 팡팡. 그녀의 위치가 위태로워질 수도 있음에도 "작가는 사실을 이야기하고 자신이 느낀 것을 진실하게 쓸 뿐이지 쇼를 하지 않는다"고 말하는 당참에 나는 가슴이 뛰었다.

중국 정부의 검열로 그녀의 웨이보가 차단되고 글이 계속 삭제당함에도 계속 써나간 작가의 결의는 《우한일기》의 위상을 한층 높인다. 《우한일기》는 미국, 독일, 스페인, 영국, 이탈리아 등 세계 15개국에 판권이 팔렸으나, 경악스럽게도 중국에서는 끝내 출판되지 못했다. 중국이란 나라가 어떤 나라인지는 알았지만, 문학·예술 분야도 검열한다는 사실에 솔직히 놀랐다. 하긴, 정부에 맞서는 이들을 잡초처럼 뽑아버리는 건 일도 아닌 중국이 아니던가.

혼돈 속에서의 도모

대표적으로 알리바바 그룹의 전(前) 회장 마윈 일만 해도 그렇다. 그 외로도 중국 공산당을 비판해 공식 석상에서 장기간 자취를 감췄던 유명 인사들은 다수다. 푸싱그룹의 회장 궈광창, 상하이 패션업체 미터스본위의 창업자 저우청젠, 중국의 부동산 거물 런즈창, 투모로우 그룹의 샤오젠화 회장도 중국 정부를 거슬리게 한 사건 이후로 오랜 기간 실종됐었다. 또한 우리에게도 잘 알려진 중국 톱스타 판빙빙은 탈세 의혹으로 3개월 동안 공식 석상에 모습을 드러내지 않아 감금설과 실종설, 망명설 등 각종 추측이 쏟아졌었다. 중국 정부를 비판하거나 해를 가한 인물들을 가차 없이 규제하는 중국. 그렇다면 중국 입장에선 소설가 팡팡은 일도 아닐 것이다. 그녀의 안위가 걱정된다. 부디 작가에게 고강도 압박이나 규제가 가해지지 않길 바란다.

위기의 순간에도 권력에 굴하지 않는 영웅들로 세상은 더 나은 세상으로 나아간다. 소설가 팡팡이 그랬던 것처럼. 리원량 교수가 그랬던 거처럼 말이다. 중국 내부의 비난과 협박 속에서도 더 나은 세상을 위해 용기를 불사른 그들의 집념을 우린 기억해야 한다. 유난히도 고(故) 리원량 박사의 말이 더욱 묵직하게 다가온다.

"억울한 누명을 벗는 것은 나에게 그리 중요하지 않아요. 정의는 사람들 마음속에 있으니까요."

코로나 시대 국제기구가 말하는
미래 인재상은?

　국제기구가 '교육의 본질'에 대해 앞장서서 고민한다는 사실을 아는가. 나는 코로나 사태로 미래 교육에 관심을 갖게 돼서야 알게 되었다. 여기서 국제기구라 함은 UN, UNESCO, OECD, WEF다. UN, UNESCO, OECD는 초·중·고등 교육 과정에서 수천 번 들었지만 WEF는 낯설었다. 그래서 알아보았다.

　하버드대 경영학 교수 클라우스 슈밥이 1971년에 창립했다. 정식 명칭은 '세계경제포럼'이지만 스위스 다보스에서 매년 초 총회가 열려 '다보스 포럼'으로도 불린다. WEF는 세계의 저명한 기업인, 경제학자, 저널리스트, 정치인 등이 모여 세계 경제에 대해 토론하고 연구하는 국제 민간회의다. 각국 정상들을 비롯해 재계 주요 인물들, 중앙은행 총재들이 회원으로 있는 만큼 세계의 경제정책 및 투자환경에 큰 영향을 미친다. 이러한 영향력이 점점 커지자 UN 비정부 자문 기구로 성장했고, 2015년엔 국제기구로서의 지위를 획득했다.

　내가 WEF를 소개하고 영향력을 언급하는 이유는 세계의 흐름을 주도하는 그룹이 교육에 관해서도 지대한 관심을 갖고 있기 때문이다. 어디 WEF뿐이랴. 앞서 언급한 UN, UNESO, OECD도 어깨를 나란히 한다. WEF는 21세기를 살아갈 인재의 스킬을 크게 기초 소양, 역량, 인성으로 꼽았다. OECD '안드레아스 슐라이허' 교육국장은 창의력, 문제해결 능력, 사회성의 중요도를 언급했고, UN과 UNESCO도 결을 같이 한다. 국제기구들이 말하는 미래 인재상의 공통부분을 정리해보자면, 빠른 적응력, 창의성, 공감, 협력이라 할 수 있겠다. 빠른 적응력과 창의성은 지식이며, 공감과 협력은 관계다. 여기서 주목할 점은 '관계'가 핵심 역량에 포함되었다는 사실이다. 이게 중요하다.

"우리 사회에서는 반복적이지 않은 창의력, 문제해결 능력, 사회성, 역량, 협업, 상호작용에 대한 중요도가 커졌습니다. 자신과 생각이 다른 이들과 협업하는 능력이 중요합니다."

— OECD '안드레아스 슐라이허' 교육국장

이 시대의 글로벌 기업은 인재상의 자질과 역량의 기준이 국제기구와 같다. 애플 CEO 팀쿡은 "2018년 고용 직원 절반이 학위가 없다."고 말했고, 테슬라 CEO 일론 머스크는 "인공지능 개발에 학력은 상관없다."고 거론했다. 이젠 대학을 나오지 않아도 창의적이고 갈등을 빚지 않는 인재를 선호하는 시대가 도래한 것이다.

그렇다면 국제기구를 비롯한 세계적인 기업들은 왜 관계에 능한 인재에 주목하는 걸까. 코로나로 4차 산업혁명이 가속화되었기 때문이다. 앞으로 인공 지능 분야는 확대될 것이고, 더욱 똑똑한 인공 지능을 구현하기 위해 박차를 가할 것이다. 산업 전반이 인공 지능으로 전환되는 만큼 인공 지능이 할 수 없는 영역인 타인을 이해하고 배려하는 능력이 부각되는 것이고, 그러한 능력을 가진 인재의 중요도는 커지게 되는 것이다.

아이가 살아갈 미래 사회는 인공지능이 더 많은 분야를 선점할 것이고, 시공간을 넘어 다른 생각을 가진 사람과 업무적으로 많이 교류할 것이다. 문화가 다르고, 언어가 다르고, 민족성이 다른 만큼, 다른 생각과 다른 관점을 가진 그들과 업을 함께 해나가기 위해선 그만큼 관계에 능한 인재가 필요하다. 거기다 세상의 문제를 찾아 해결하려는 책임감과 문제에 얽힌 갈등 조율 능력까지 갖추고 있다면, WEF를 비롯한 국제기구는 열렬한 찬사와 박수를 아끼지 않을 것이며, 기업들은 너도나도 데려가겠다고 북새통을 이룰 것이다.

우리 아이가 살아갈 세상은 기계가 인간 위에 군림하는 SF 영화처럼 되지 말란 법은 없다. 미래 기술이 아무리 발전한대도 그 중심에 인간이 지워진다면 다 무슨 소용이겠는가. 그러니 과학기술만 일취월장 앞서가선 안 된다. 과학기술 위엔 그것을 움직이는 인간이 위치해야 한다. 그들은 인간 친화적이고 인류 가치를 아는 인문학적인 인간이어야 한다. 인류의 가치를 아는 사람이 기술위의 인간을 생각하며 더 나은 삶, 더 안락한 삶을 도모할 것이다.

스티브 잡스는 말했다.

"기술과 인문, 하드웨어와 소프트웨어를 융합시켜야만 미래를 선점할 수 있습니다."

구글과 애플도 거론했다.

"인문적 감성과 창의적 기술의 융합은 기술 개발의 방향과 가속, 새로운 사업에 대한 통찰력과 시야의 확장을 보장하는 필수 요소입니다."

이들의 말처럼 기술과 인문이 융합되어야만 인간이 미래를 선점할 수 있다. 국제기구 역시 4차 산업혁명 시대 인본주의적 접근이 인류의 평화 지속을 위해 가장 중요한 부분이라고 입을 모은다. AI와 인간의 균형 잡힌 미래를 위해서는 인간의 존엄성을 알고 인류의 가치를 아는 인재들이 이끌어가야 한다. 인류의 가치를 깨닫기 위해선 인문학적 소양에 집중할 필요가 있다. 문학, 예술, 철학, 역사가 그만큼 중요해진다. 4차 산업 혁명과 포스트 코로나 시대엔 성적이 다가 아니다. 인간 대 인간을 존중하고 인류 공동체의 가치를 아는 인류애적 사고가 그보다 위다. 그러한 인재로 키워내고, 발현시키는 방법은 결국 교육이다. 교육의 진화가 인류의 미래를 결정하고, 내 아이의 세상을 결정할 테다. 그러니 국제기구와 수많은 전문가들은 기존 교육이 아닌 미래형 인재를 위한 새로운 교육이 필요하다고 목소리를 높이는 이유다.

팬데믹? 엄마니까 버텨봅니다!

디지털 빌딩을 지으라고?!

때는 바야흐로 2020년 9월 초, 아이들을 재우고 잠이 오지 않던 밤이었다. 평소처럼 유튜브에 접속해 이 영상, 저 영상을 맛보던 그때, 구독 중인 〈MKTV〉 김미경 대표의 영상이 눈에 들어왔다.

'응? 온라인에 빌딩을 지으라고?'

영상을 재생하자 서재로 보이는 방에서 김미경 대표는 화면을 응시하고 있었다. 그리고 말했다.

"저는 신문을 종류별로 4개 정도 보고 있어요. 요즘 기사들을 보며 제가 느낀 건 이겁니다. 이러다 말겠지가 아니라 이대로 내년까지 간다면 어떻게 대처해야 할까입니다."

그녀는 몇 가지 기사를 보여주며 말을 이었다.

"제가 보여드리는 기사를 보고 여러분은 이게 내년까지 간다면 생업을 구하기 위해 어떤 시나리오를 써야 할지 생각하셔야 합니다."

기사들의 주제는 이랬다. 도시락을 싸고 다니는 직장인들, 1차 팬데믹 경제 쇼크보다 더 강한 2차 경제 쇼크, 계속되는 등교 정지, 코로나로 멈춘 공연계. 모두 코로나로 불거진 일이었다. 그렇다면 개인은 물론 기업들은 이 위기를 어떻게 극복해야 할까?

김미경 대표 말에 따르면 코로나 사태로 온택트 시대가 열린 만큼 기업·소상공인·개인할 거 없이 디지털화해야 하고, 거기서 더 나아가 디지털 빌딩을 지어야 한다고 거듭 강조했다. 그렇다면 디지털 빌딩이라는 건 뭐지? 쉽게 말해, 온라인에 내 가게를 차리는 것이다. 그 중심엔 블로그가 자리한다. 왜냐하면 블로그는 플랫폼들의 허브 역할을 하기 때문이다. 인스타그램도, 유튜브도, 제휴마케팅도, 스마트 스토어도 블로그에 연결할 수 있으니까. 거론한 활동 중에서 블로그, 인스타그램, 제휴마케팅을 한다면 나만의 디지털 빌딩에 각 활동들이 입점되는 것이다. 이로써 온라인 수익 창출을 위한 파이프라인이 만들어지는 셈이다. 온라인으로 돈을 벌 수 있다는 말에 나도 시도해보기로 했다.

'그렇다면 무엇부터 해야 될까?' 효율성을 따져봤을 때 블로그와 인스타그램을 활발히 운영하는 게 급선무인 듯싶었다. 그래서 선발주자론 이 둘을 정했고, 공부하다 알게 된 쿠팡 파트너스와 '내가 만든 오디오북(밀리의 서재)'은 후발주자가 되었다. 별거 아닐 거 같던 활동들은 생각보다 어려웠다. 블로그를 키우는 것도, 콘텐츠 순환이 빠른 인스타그램을 하는 것도, 쿠팡 파트너스는 뭐며, 내가 만든 오디오북은 왜 자꾸 밀리의 서재 측의 검수에서 반려되는지……. 김미경 대표 말대로 공부를 해야 했다. 아이들을 보내고, 살림을 하면서 정보를 모으고, 관련된 책을 찾아 읽을수록 세상이 참 많이 달라졌다는 걸 실감했다.

이미 인터넷으로 고수익을 버는 사람들은 많았다. 내가 본 책들만 해도 그랬다. 《이번 생은 N잡러》는 아이패드 드로잉으로 월 1,500만 원을 벌었고, 《방구석 노트북 하나로 월급 독립 프로젝트》는 엣시라는 사이트에 디지털 파일을 판매해 1년에 1억을 벌었으며, 《이렇게 했더니 인스타마켓으로 6억 벌었어요!》는 인스타마켓을 한 지 1년 9개월 만에 연 매출 6억을 달성했다. 마지막으로 《부업왕 엄마의 방구석 돈 공부》는 유튜브 광고 수익으로 남편만큼 벌고 있다.

무엇보다 인상적인 건 《이번 생은 N잡러》의 저자 한승현 씨 빼고는 모두 엄마란 사실이었다.

'이 엄마들은 뭐지?' '애 보면서 어떻게 한 거야?' '어디서 정보를 얻은 거야?' 온갖 물음들이 튀어나왔다. 그럴수록 그동안 난 대체 뭘 했나 싶어 힘이 빠졌다. 아이들 키운 거 말곤 한 게 없었다. 뒤늦게나마 부지런히 해보자며 어금니를 꽉 깨물었다. 먼저 블로그를 키우기로 했다. 블로그 관련 책들을 섭렵하며 주 2~3회 포스팅을 해나갔다. 인스타그램과 쿠팡 파트너스는 아끼고 아껴뒀던 비상금을 털어 탈잉으로 강의를 들었다. 여러 가지를 동시에 공부하다 보니 정신은 없었지만, 하루라도 빨리 결과물을 만들고 싶다는 생각뿐이었다.

'100만 원 벌었어요!' '3만 원이었던 게 60만 원이 됐어요.' 인터넷에 떠도는 후기들을 볼 때면 나도 열심히만 하면 그들처럼 될 수 있을 것 같았다. 또한 전업주부로 방구석에서 수입을 벌 수 있는 유일한 일이기도 해서 그만큼 악착같이 했다. 할수록 간절해졌고, 간절한 만큼 집착적으로 했다. 2주 동안 혼자만의 시간을 쿠팡 파트너스에 몽땅 올인했더니 결실이 보이기 시작했다. 쿠팡 파트너스로 2주 만에 4만 원을 번 것이다. 이렇게만 번다면 한 달에 8만 원이 10만 원으로! 10만 원이 30만 원으로! 30만 원이 60만 원으로! 늘어났다는 성공담이 내게도 일어날 수 있다고 여겼다. 꼭 이루고 싶었으므로, 더 기를 세우고 달려들었다.

3일 후 달콤했던 상상은 깡그리 깨졌다. 쿠팡 파트너스 전용 블로그는 일일 방문자 수가 300명을 웃돌았는데, 하루 만에 87명이 되더니, 다음날은 56명, 다음날은 30명으로 쭉쭉 떨어졌다. 뭔가 이상했다. 이게 말로만 듣던 저품질인가 싶었다. 상위 노출되던 포스팅을 검색했더니 100위건 밖으로 밀려나 있었다. 받아들일 수 없었다. 설마 다음날은 괜찮겠지. 저품질에서 빠져나오겠지 생각하며 평소대로 포스팅했지만, 새로 올린 포스팅조차 검색 순위에서 밀려났다. 멍하니 화면만 응시했다. 포스팅 작성이 더뎌 하루에 3시간씩 꼬박 할애한 시간들이 떠올랐다. 진심으로 간절했기에 악착같이 했었다. 마음을 다잡을 수 없었지만, 내일이면 원래대로 돌아오리란 희망을 차마 놓을 수 없어 눈물을 머금고 평소대로 해나갔다. 그런 내 모습이 쓰라렸다. 혼자 해보겠다고 아등바등 애쓰는 내가 짠하다 못해 불쌍했으니까. 그럼에도 놓을 수 없는 나 자신이 미련했으니까. 결국 희망은 실망으로 얼룩져 마음을 난도질했다.

뭐든지 간절함이 크면 마음은 쪼잔해진다. 우매한 나는 이 사태를 받아들이는데 한 달이란 시간이 걸렸다. 그 시간 동안 분노한 이유와 상처받은 이유를 많이도 되물었다. 그 시기 내 눈엔 100만 원을 벌었다느니, 수익이 갑자기 늘었다느니 하는 성공담만 보였다. 사실 그 글 옆엔 한 달 해서 고작 2만 원 벌었다느니, 블로그 저품질 먹었다느니 하는 글들이 있었지만, 그들처럼 안 될 거라 여기며 본체만체했었다. 그때의 나를 되돌아보니 깨달을 수 있었다. 능력도 재량도 안 되는데 꿈만 높았다는걸. 내 수준과 현실을 받아들이니 놀라우리만치 마음이 평온해졌다. 그 후론 그저 즐기기로 했다. 일상을 충분히 보내며 시간이 날 때 잠깐씩만 하기로. 신기한 것은 소박하게나마 결실을 맺고 있다는 사실이다. 반년 동안 쿠팡 파트너스를 안 했지만 매달 만 원씩 꼬박 들어왔고, 내가 만든 오디오북은 천 원씩 들어왔으며, 인스타그램 팔로워 수도 78명이던 게 244명이 됐고, 블로그 이웃도 125명에서 532명이 되었다. (2021년 9월 7일 기준)

그래 나를 몰아붙이지 말자. 내가 할 수 있는 속도로 딱! 이 정도만 하자. 못했다는 미련과 안 했다는 후회가 생기지 않도록 그저 꾸준히 해나가자. 머지않아 일을 다닐 테지만, 내가 만든 디지털 빌딩으로 수익을 거둬들인다면 소소한 용돈이 될 테니 뿌듯하지 않겠는가. 그래! 그러니 지금처럼 계속 go~!

아스트라제네카 접종 시기가
다가오는 게 무섭다

"AZ 접종한 여자가 사지마비가 됐대!"

퇴근하고 돌아온 남편이 말했다. 기막혀하는 나를 보며 남편은 핸드폰을 건네 기사를 보여줬다. 기저 질환이 없던 40대 여성 간호조무사가 AZ 접종 직후 두통을 호소했고, 진통제를 복용했지만 일주일이 지날수록 증상은 심해졌다. 급기야 사물이 겹쳐 보이는 '양안 복시'가 나타났고, 31일 병원 입원 후에는 사지 마비 증상까지 나타났다는 내용이었다. 병원 진단명은 '급성 파종성 뇌척수염'

이 같은 사례는 또 있었다. 2021년 4월 16일 하동 군청 소속 20대 공무원은 AZ를 접종했다. 이튿날부터 '가벼운 감기 증상처럼 몸이 무겁다'며 그는 하루 결근했다. 3주 차가 되자 두통과 함께 팔, 다리가 저리고 마비되는 증상이 생겼다. 다음 날 전남 순천시의 한 병원을 거쳐 전남대 병원으로 이송돼 수술받았다. 이 남성은 뇌출혈 진단을 받았으며 40대 여성 간호조무사처럼 기저 질환이 없던 건강한 상태였다.

혀가 내둘러졌다. 어쩜 이런 일이 일어날 수 있지? AZ 접종 후 심한 고열과 구토로 입원한 사례, 사망한 사람도 있으며, 급기야 AZ 혈전 문제로 유럽 국가들은 AZ 접종을 한시적으로 중단하기도 했다. 4월 28일에는 식약처(식품의약품안전처)에서 AZ 주의사항에 '특이 혈전증'을 추가했다. 이런 소식을 접할 때면, 두려움이 바닥 밑에서 기어 올라와 내 몸을 꽉 조인다.

왜 AZ 백신은 유독 부작용이 많은 걸까? 궁금증을 해소하기 위해 전문의들의 영상을 찾아봤다. 그러던 중 아스트라제네카 백신 접종을 보류해야 하는 이유에 관한 영상을 봤다. 심장내과 분과 전문의, 삼성 서울병원 성균관대 외래교수인 분이 운영하는 유튜브에 올라온 영상이다. 그는 이렇게 입을 뗐다. 요새 많은 의사들이 AZ 접종 시 '이점이 백신의 위험성보다 크니' 맞으라고 권유하는데, 본인은 이와 생각이 다르다고 말했다. 집단의 이점으로만 생각하지 말고, 그들을 개개인으로 본다면? 그리고 그 개인이 내 가족이라면? '보다 이점이 큰 쪽'이 아니라 '보다 위험성이 낮은 쪽'으로 마음이 기우는 게 당연한 일이 아니냐는 것이다.

그는 이어서 세계 최고 권위의 학술지인 《NEJM》에 실린 AZ 백신에 의한 혈전증 사례 논문 2개를 바탕으로 'AZ에 의한 치명적인 혈전 부작용'에 대해 설명했다. 여기서 무엇보다 중요한 건 이 논문들의 공통점이다. 공통점이란, AZ에 의한 혈전증이 '헤파린(혈전이 생긴 환자에게 주로 투여하는 항응고제) 유도 혈소판(혈액의 응고나 지혈작용에 관여하는 혈액 성분) 감소증'에서 생성된 혈전증과 기전이 매우 흡사하다는 것이다. '헤파린 유도 혈소판 감소증'이란, 헤파린 투여 중 생성된 항체가 헤파린에 달라붙어 헤파린의 기능을 못 하게 하는 질환이다. 풀어 설명하자면, 헤파린이 혈액 내로 들어오면 우리 몸의 PF4(platelet factor 4)라는 물질이 헤파린과 합체된다. 우리 몸은 이 합체물을 적으로 인식하여 항체를 만들고 이 항체도 합체물에 달려들게 된다. 그렇게 헤파린과 PF4 그리고 항체가 하나로 합쳐진 이 녀석은 혈소판을 자극하여 혈전을 형성하게 되는 것이다.

이 기전이 AZ에 의한 혈전증과 어떻게 흡사하다는 걸까? AZ 백신이 혈액 내로 들어오면 백신 안의 무언가가 PF4(platelet factor 4)와 만난다. 이 상황에서 생성된 항체가 여기에 달려들고 이 합체물이 혈소판을 자극해 혈전을 형성하는 것이다. 일반적으로 항체가 많이 생성될수록 혈전 발생 가능성도 높은 것으로 보고되고 있다.

그렇다면 AZ 백신에 의한 치명적인 혈전 부작용을 어떻게 피해야 할까? 항체가 대량 생성될 가능성이 높은 사람을 'AZ 접종 금기 대상'으로 규명화하는 것이 현시점에서 가장 필요하다고 그는 주장했다. 물론, 아직은 연구가 부족한 상황이니 정확하게 조건을 찾아내서 규명하긴 어렵겠지만, 조금이나마 혈전 발생 가능성이 높은 사람이라면 '접종 금기 대상'에 포함시켜야 한다는 것이다. 만약 그 사람이 내 가족이라면! 너무 당연한 일이 아니냐며 목소리를 높였다. 그는 의료진이기 때문에 AZ를 맞을 수밖에 없었으나 가족에게는 권하지 않을 거라고 말했다. 접종 금기 대상이 만들어지지 않는다면, 최대한 조심히 지내면서 기다리다가 가족에게 다른 회사의 제품(화이자 or 모더나)

을 접종시킬 거라고 토로했다.

또 다른 영상으론 다른 의학전문 유튜버의 유튜브를 보게 됐다. 《뉴욕타임스》에 보도된 아스트라백신 효능과장 논란을 다룬 것이었다. 눈을 핸드폰에 단단히 고정했다. 그는 촬영 2시간 전 뉴욕타임스 기사를 봤다. 기사를 본 그는 이 사실을 국민에게 알려야 한다는 의무감에 비난과 매도를 감수하고라도 긴급 브리핑을 하게 됐다고 화면을 뚫어지게 바라보며 말했다.

뉴욕타임스 기사 내용은 이랬다. AZ가 미국 FDA 승인 심사를 위해 제출한 임상 실험 자료가 조작된 사실이 밝혀져 FDA 관료들과 전문가 그룹이 AZ를 상대로 소송을 한다는 것이었다. 즉, 아스트라제네카는 자기들에게 유리한 옛날 자료 몇 개를 섞어서 FDA에 제출한 것이다. 이를 두고 미국 감염병 연구 소장 '엔소니 파우치 박사'는 '공적인 신뢰를 훼손하는 잘못된 행위'임을 비난했고, 유튜버도 흥분하며 이건 심각한 범죄행위라고 지적했다.

이 기사가 발행되기 전 아스트라제네카의 FDA 승인은 곧 이루어진다는 분위기였다. 그러나 이 같은 사실이 밝혀지며 AZ는 FDA 승인을 받지 못할 거라는 전망이 나온다. 그는 씁쓸해하며 말했다.

"제가 AZ를 맞으면 안 된다고 말하는 게 아닙니다. 어떡하겠어요 ~ 맞아야죠. 그거밖에 없으니까요. 다른 백신은 턱없이 부족하니까요! 캐나다는 인구의 6배나 많은 백신 물량을 확보하고도 접종을 서두르지 않아요. 왜냐하면 부작용을 봐가면서 놓겠다는 거죠. 그게 부작용을 대처하는 진정한 자세입니다. 만약 우리나라에 다른 백신이 시의적절하게 많이 있었다면 여유 있게 대처할 수 있었는데 참 아쉽습니다."

이처럼 다수의 의사들은 AZ가 논란은 많지만 그래도 이해득실을 따지면 맞아야 한다고 입을 모은다. 반면에 앞에서 언급한 교수처럼 맞지 말고 다른 백신이 들어올 때까지 기다려야 한다고 비난을 감수하며 소신 발언을 하는 이도 있다. 여기에 한 분 더해 유튜브 채널을 운영하는 한 병원 원장 역시 다른 이들에게 반드시 AZ를 맞으라고 말하긴 어렵다고 토로했다. 소신 있게 말하는 의사에게 난 왜 더 신뢰가 가지?

맞으라는 다수의 의사와 맞지 말라는 소수의 의사 사이에서 나 같은 일반인은 어떡해야 할까?

소신 발언을 하는 이들의 의견을 무시할 수 없는 게 솔직한 심경이다. 백신에 대한 더 많은 정보가 있고 백신 선택권이 있다면 좋겠지만 그럴 수 없다는 게 참으로 속상하다. 이왕 맞는 거 돈을 더 내서라도 부작용이 적은 것을 맞고 싶지 논란이 많은 백신을 맞고 싶진 않기 때문이다. 이게 우리나라의 현실이라는 게 슬프다. 접종 3분기가 다가오는 게 무섭다. 아마 그때까지 고민은 계속될 것이다.

팬데믹? 엄마니까 버텨봅니다!

마스크의 진화

불과 2020년 초만 하더라도 마스크를 구할 수 없어 곤욕을 치른 시기가 있었다. 얼마 후 정부는 생년월일에 따른 마스크 5부제를 시행했고, 우리는 비상식량 배급받듯 줄을 서서 마스크를 구매했었다. 그 당시 주말이면 약국 앞에 긴 줄이 늘어서는 건 어렵지 않게 볼 수 있는 풍경이었다. 1인당 2매의 마스크를 얻기 위해 많은 사람들은 분주히 움직였다. 그중에 누군가는 마스크를 구했다며 SNS에 인증 사진을 올렸고, 누군가는 구하지 못했다며 한탄의 글을 올리기도 했다. 그 시기에 부러움의 대상은 마스크를 많이 쟁여둔 사람이었다.

시간은 흐르고 흘러 이젠 더 이상 마스크를 구하는 게 어렵지 않은 세상이 되었다. 이제는 인터넷으로 여러 제품을 비교하며 내가 원하는 마스크로 원하는 수량만큼 구할 수 있다. 하물며 TV에서도 마스크 광고를 자주 접하게 된다. 김태희, 조정석, 장나라, 이지아. 우리나라에서 내로라하는 톱스타들은 손을 이리저리 움직이며 다양한 포즈로 각자가 맡은 브랜드를 알린다. 처음엔 마스크 광고가 낯설었지만 어느샌가 유심히 관찰하며 내가 쓰는 마스크와 비교하는 나를 발견한다.

개인 방역으로 마스크를 낀 기간은 벌써 1년 반이 넘었다. 마스크는 실생활에 없어선 안 될 생필품이 되었고, 그로 인해 많은 변화들이 생겨났다. 바깥 생활 내내 마스크를 끼는 건 당연한 일이 되었고, 급기야 운동할 때, 수영할 때도 낀다. 일상에 깊숙이 파고든 마스크는 좀 더 다양해지고, 예뻐지고, 신박해지고 있다. 참신한 기능이 하나씩 추가될 때면 놀라우면서도 새롭다.

마스크 스트랩은 마스크로 인해 등장했다. 마스크 스트랩이라니! 어디서도 볼 수 없었던 물건이었다. 마스크도 적응 안 되는데 마스크 스트랩까지 끼자니 불편할 거 같아 사용하지 않았었다. 그러다 지인에게 선물받아 사용하기 시작했는데, 막상 사용하니 편했다. 그 후론 다양한 무늬와 색상의 스트랩이 눈에 들어왔고, 두꺼운 스트랩보단 얇은 스트랩이 편하다는 걸 알게 되었다. 그 후론 얇은 스트랩만 사용한다.

그 사이 마스크는 자신의 개성을 드러낼 수 있는 패션의 한 아이템으로 자리 잡았다. 점차 다채로운 컬러·무늬가 더해져 패션성을 높인 마스크들이 속속 모습을 드러냈다. 핑크·민트·연보라 등 다양한 색상을 띄는 건 기본이고, 얼굴 표정을 접목하기도 하고, 캐릭터나 이모티콘으로 꾸며지기도 하며, 투명 마스크도 생겼고, 하물며 다양한 보석이 박힌 마스크도 등장했다. 또한 패션의 정점을 찍는 명품 브랜드들도 앞다투어 마스크를 내놓고 있다. 버버리는 시그니처 체크 패턴을 접목했고, 루이비통, 지방시, 발렌시아가 역시 누가 봐도 각자의 브랜드를 인지할 수 있도록 로고나 시그니처 무늬를 적극적으로 활용하고 있다.

기능적인 면에서도 발전했다. 상황에 맞게 방수 마스크, 스포츠 마스크, 여름용 쿨 마스크 등이 생겨났다. 여기서 더 나아가 마스크에 각종 첨단 기술이 접목되기 시작했다. 아직은 실생활에 널리 적용되지 않아 체감되진 않는다. 다음에 거론하는 마스크들은 출시된 제품도 있고, 한창 개발 중인 제품도 있다. 이 부분을 짚고 넘어가는 이유는 우리가 모르는 사이에도 스마트 마스크 기술은 점점 비약하고 있고, 머지않아 가까이서 접하게 될 거 같아 언급하고자 한다.

마스크와 공기 청정기의 조합. 혹시 상상해보았는가. 실제로 있는 제품이다. 출시한 국내 기업으로는 대현 엔텍과 LG전자가 있고, 국외 기업으론 미국 뉴욕에 위치한 디지털 헬스케어 스타트업 에이오 에어(AO Air)가 있다. 이 외로도 삼성전자의 'C랩 에어포켓'은 출시를 앞두고 있다. 이뿐만이 아니라 신박한 기능을 가진 마스크는 더 있다. 호흡과 온도 및 습도를 측정하는 센서가 달린 스마트 마스크 '액티브플러스(active plus)'는 영국의 의료기 전문 업체 에어팝(airpop)에서 개발됐고, 마스크만 착용하고 숨만 쉬어도 코로나 감염 여부를 파악할 수 있는 셜록(sherlock) 마스크는 미 MIT 공대와 하버드대의 연구원들로 구성된 공동 연구진이 개발했다.

이와 같은 흐름으로 특허청의 출원 건수도 급증했다. 코로나19의 대유행이 시작되면서 마스크 한 품목의 출원 건수가 2019년 전체 출원 건수(416건)의 2.7배가 넘었다.(1,129건) 마스크 한 품목만으로 전체 품목을 뛰어넘다니! 놀랍지 않은가. 특허를 신청한 내용들을 살펴보면, 팬과 밸브 그리고 스피커를 더해 호흡과 음성 전달을 쉽게 하는 기술, 마스크가 오래 닿는 부분을 인체공학적으로 설계한 기술, 반려동물이 착용 가능한 마스크, 자연에서 스스로 분해되는 마스크 소재 등등 정말 다양했다.

이처럼 마스크의 진화는 계속 진행되고 있다. 핸드폰의 외형과 디자인이 평준화된 후론 기능과 기술로 경쟁을 벌이듯, 마스크 역시 그럴 것이다. 우린 진화하는 마스크를 등에 업고 느닷없이 찾아온 코로나 바이러스의 공격으로부터 자신을 지켜낼 것이다. 그리고 앞으로 찾아올 정체 모를 바이러스도.

불현듯 하나의 생각이 떠올랐다. 내 입과 상대의 입을 막아 우리를 보호하고, 일상생활을 가능토록 해준 이 흰 조각이 없었다면 어땠을까 하고. 생각만으로도 아찔하다. 이젠 마스크가 없으면 안 된다. 외출할 때 핸드폰이 없으면 당혹스럽듯, 마스크가 없으면 어찌할 바를 모른다. 출근한다고 나간 신랑이 1분도 안 되어 들어와서는 마스크를 챙겨서 집을 다시 나서고, 아이를 등교시키다 마스크를 빼먹고 나온 나 역시 멀리 가지 않았다면 다시 집으로 돌아와 마스크를 챙긴다.

급하게 외출하다 마스크의 부재를 깨달을 때도 있었는데 아차 싶었다. 급하게 티의 목부분을 입에 갖다 댄 채 가까운 편의점으로 후다닥 달려가 마스크를 구입했었다. 이젠 애들도 알아서 챙긴다. 등원·

등교할 때면 첫째는 "엄마 마스크!"라고 외치고, 아직 말이 트이지 않은 둘째는 두 손으로 볼 쪽을 툭툭 치며 마스크를 대령하라는 제스처를 취한다. 어린아이들에게까지 당연한 일로 자리 잡았다. 마스크가 일상에 깊숙이 파고들수록 진화의 속도는 빨라질 것이다.

마스크의 발전을 보고 있자면 미래엔 마스크를 넘어 방호복을 입고 일상을 보내는 게 아닌가 싶어진다. 설마 그러진 않겠지 싶다가도, 더 지독한 바이러스가 오고, 마스크만으론 방역을 할 수 없게 되면, 지금의 마스크처럼 또 천천히 물들어가지 않을까. 생각해 보면 불과 수십 년 전만 해도 돈을 주고 물을 사 먹는 일이, 공기 청정기가 필수 가전이 되는 일이 일어날 줄은 몰랐었다. 상상 속에 존재하던 모습들이 속속 현실화되고 있다. 깨끗한 물을 위해 돈을 지불하듯, 깨끗한 공기를 마시기 위해 돈을 지불하는 시대가 오고 있다.

우리의 방역 관념은 점점 더 엄격해질 것이다. 깨끗하고 안전한 공기를 원하는 이들은 돈을 지불해서라도 더 좋은 기술, 더 좋은 기능이 접목된 마스크를 구입할 테다. 하나둘 쓰다 보면 또 한 번 우리의 모습은 변할 것이다. 마스크의 비약적인 진화를 보고 있자면 비관적인 미래를 마주하는 것 같아 반갑지만은 않다.

이래서~ 나훈아! 나훈아! 하는구나!

추석 연휴 첫날이던 2020년 9월 30일 저녁 8시 반. 나는 한껏 소리치고 있었다.

"엄마! 아빠! 빨리 와!! 시작했어!"

며칠 전부터 TV에서 예고했던 〈2020 대한민국 어게인〉(KBS)이 시작됐기 때문이다. 사실 나는 나훈아에 대해 잘 모르지만, 15년 만에 방송 출연을 한다는 점과 다시 보기가 제공 안 된다는 점. 즉! 놓치면 다신 볼 수 없는 공연이란 이유로 안 볼래야 안 볼 수가 없었다. 공연 시간이 다가오자 두근거렸다. 말로만 듣던 가왕도 아닌 가황(가요계의 황제) 나훈아의 진가를 직접 볼 수 있을 테니 말이다.

진득하게 공연을 즐기기 위해 공연 10분 전에 첫째에게 안방의 TV를 넘겨주고, 둘째에겐 핸드폰을 쥐어주며 만반의 준비를 마쳤다. 거실에선 TV 하나를 두고 온 가족이 숨을 죽였다. 웅장한 음악이 흐르며 카운트다운은 시작됐다. 10, 9, 8, 7~. 숫자가 0에 다가갈수록 심장이 쫄깃해졌다. 무대 영상은 숲을 헤쳐가다 장독대 앞에 멈췄다. 중년 여성이 장독대 위에 정화수를 떠놓고 기도하고 있다. 음악이 고조

되면서 정화수가 위태롭게 흔들리더니 거센 파도로 변했다. 거센 파도 위에는 배 한 척이 험난한 바다를 헤쳐가고 있었다. 영상을 비추던 화면이 갑자기 갈리더니 수십 개의 스포트라이트가 한곳을 비췄다. 배 위에는 한 남자가 서 있었다. 가황! 나훈아의 등장이었다! 무수한 스포트라이트가 나훈아를 비췄고 무대 좌우엔 합창단이 자리했다. 웅장한 분위기에서 〈고향으로 가는 배〉의 반주가 흘러나오며 공연은 시작됐다.

공연에선 수많은 곡을 불렀다. 그중에서도 〈고향역〉, 〈물레방아 도는데〉, 〈홍시〉, 〈아담과 이브〉, 〈사랑〉, 〈테스형!〉, 〈공〉이 특히 좋았다. '코스~모스~'로 시작되는 〈고향역〉은 하도 유명해서 나도 모르게 따라 부르고 있었고, 젊은 나훈아와 지금의 나훈아가 서로 바라보며 노래 부른 〈물레방아 도는데〉는 세월의 무상함을 보여주며 가슴을 저릿하게 했다. 〈홍시〉의 리듬은 경쾌한데 가사가 어찌나 애잔하던지, 엄마와 자식의 마음을 절절히 그려내고 있었다. 〈아담과 이브〉는 알콩달콩한 사랑의 풋풋함을 잘 표현해냈고, 아빠와 노래방에 갈 때마다 귀에 딱지가 앉도록 많이 들었던 노래. '이 세상에~ 하나밖에~'란 가사로 시작되는 노래. 그 노래가 나훈아의 〈사랑〉이란 걸 그날 처음 알았다.

무엇보다 가장 인상 깊었던 노래는 〈테스형!〉이다. 소크라테스를 형이라 부르는 나훈아의 넉살과 그의 삶의 철학을 담아내고 있었다. 가만히 노래 듣던 나는 어느새 나훈아와 함께 한을 담아 테스형을 부르고 있었다. '아! 테스형! 세상이 왜 이래~왜 이렇게 힘들어.' 또한,

〈공〉은 어떤가. 예사롭지 않은 가사는 인생의 굴레를 집대성하고 있었다. 그가 열창하는 걸 들으며 생각했다. 인생의 무게를 이토록 깊이 있게 표현할 수 있는 사람은 나훈아가 유일할 거라고.

　무대에 흠뻑 빠져든 건 실로 오랜만이었다. 그가 노래 부를 때마다 진정 사람의 목에서 나오는 소리인가 싶었다. 분명 입으로 노래하는데 뒤통수에서 목소리가 흘러나오는 듯했다. 목소리는 얇은데 어째서 묵직하게 귀에 쫙 꽂히고, 툭툭 내뱉는 것 같은데 가사 하나하나에 한과 흥은 어째서 실리는 걸까?! 그저 신기했다. 호소력은 얼마나 짙은지, 공연을 보는 내내 우리 가족은 말을 잃었다. 종종 아빠만이 노래를 따라 부르며 흥얼거릴 뿐이었다. 내내 말이 없던 우리 가족이 처음으로 입을 연건, 나훈아가 멘트할 때였다.
　"아빠! 나훈아 진짜 장난 아니다! 이래서~ 나훈아! 나훈아! 하는구나!"
　"그치! 나훈아만 한 가수가 없지!"
　멘트하면서도 그의 매력은 그칠 줄 몰랐다. 익살스러운 표정과 위트 있는 입담! 거기다 걸쭉한 경상도 사투리까지 더해지니 나훈아 세대가 아닌 나 역시 그 자리에서 팬이 되어 버렸다. 나중에 부모님과 함께 꼭! 콘서트에 갈 테다. 이번 콘서트는 가수 나훈아보다 인간 나훈아가 더 매력적으로 다가왔다. 〈2020 대한민국 어게인〉을 기획하게 된 이유부터 얼마나 인간적이던지! 코로나 장기화로 지치고 좌절에 빠진 국민을 보며 그는 생각했다.

"코로나로 온 국민이 힘들어하고 지쳐있는 상황에서 제가 가만히 있어서는 안 되겠다. 뭔가 해야겠다는 절박함에 이번 공연을 기획했습니다. 가만히 있으면 두고두고 후회할 것 같았습니다."

그는 국민을 격려하기 위해 〈2020 대한민국 어게인〉을 기획했고, 더 멋진 공연을 위해 자신의 출연료를 모두 제작비로 환원했다. 더군다나 공연의 흐름을 헤치지 않게 중간 광고도 없애달라고 요청하기까지 했다. 그가 가수로서 국민을 위로하려는 마음이 얼마나 큰지 알 수 있는 대목이었다. 일흔이 넘은 나이에도 30곡가량을 2시간 반 넘게 열과 성을 다해 부르는 모습을 보면서 가슴이 뜨거워졌다. 그러기 위해 얼마나 구슬땀을 흘렸을까. 온갖 정열과 혼을 불사르는 그의 공연에서 나는 여러 번 전율했다. 한 곡 한 곡 끝날 때마다 여운이 가시지 않았다. 오고 가는 말없이 입만 벌린 채 화면을 응시하는 우리 가족도 나와 같았다. 말을 잃을 만큼 경이롭다는 말은 이럴 때 쓰는 표현이 아닐까.

그 시기 사람들이 원하는 것은 지친 마음을 다독여줄 누군가의 진한 위로였다. 〈2020 대한민국 어게인〉은 위로를 넘어 용기를 주었다. 55년 동안 가수로 외길 인생을 걸어온 그. 일흔의 넘은 나이에도 여전히 가황의 면모를 보여주는 그는 그 동안 숱한 슬럼프와 아픔을 짊어져야 했으리라. 그 과정은 녹록지 않았겠지만 그는 견뎌냈고, 여전히 가수로서 무대를 즐기고 있다. 세월에 끌려가지 말고 목을 비틀어서 끌고 가자는 그의 말은 마치 '코로나에 끌려가지 말고, 목을 비틀어서

라도 우리가 끌고 가자!'고 외치는 듯했다. 다소 격한 표현이었지만 묘하게 위안이 됐다. 결국 그의 진심은 통했다. 74세의 나이에도 혼신의 힘을 다해 무대를 이끌어간 나훈아의 모습은 아직도 긴 여운으로 남아 좀처럼 가시지 않는다. 〈2020 대한민국 어게인〉은 코로나 시국에 받은 가장 진한 위로였고, 평생 잊고 싶지 않은 감흥이었다.

팬데믹? 엄마니까 버텨봅니다!

프랑스 블루아 지역의
'슬기로운 가정 보육'

어느 나라고 힘들지 않은 나라가 있을까.

어느 부모고 힘겹지 않은 부모가 있을까.

국적 불문하고 타국의 부모들은 이 시국을 어찌 보내는지 궁금했다. 아이들은 등교하는지, 등교한다면 어떤 식으로 진행되는지, 가정 보육을 한다면 어떻게 보내는지와 같은 일들에 관심이 생긴 것이다. 그래서 알고 싶어졌다. 평소에 내가 정보를 즐겨 찾는 방식으로 책을 뒤졌고,《세상이 멈추자 일기장을 열었다》를 발견할 수 있었다. 이 책은 그렇게 읽게 되었다.

《세상이 멈추자 일기장을 열었다》는 2020년 3월 중순부터 5월 초까지 휴교와 통행금지령을 내린 프랑스를 배경으로 하고 있다. 그 기간 동안 가족과의 일상을 빠짐없이 일기로 남긴 아빠의 글이 모여 책으로 출간된 것이다.《세상이 멈추자 일기장을 열었다》는 아빠의 시선으로 가정 보육을 바라보는 재미가 쏠쏠했고, 시시각각 변하는 프랑스의 상황을 면밀히 알 수 있어 유익했으며, 한국 남편과 프랑스 아내의 조합은 색다른 즐거움을 주었다. 또한 프랑스 가정의 이색적인 문화는 신선하게 다가왔다.

앞서 말했다시피, 프랑스는 2020년 3월 중순, 더 정확히는 3월 16일부터 모든 학교가 휴교했다. 거기다 상점폐쇄령(마트, 약국, 병원은 제외)과 통행금지령까지 취해졌다. 인권의 나라로 불리는 프랑스가 개인의 자유를 전면 통제한 것이다. 외출이 허용되는 상황은 업무상의 일, 식료품·생필품을 위한 장 보기, 병원·약국 방문, 가족 돌봄을 위한 불가피한 이동, 집 근처에서의 운동과 애완동물 산책이다. 이와 같은 연유로 외출할 때에는 정부에서 발급받은 외출 증명서를 지참해야 하며, 이를 어길 시엔 최대 135유로(한화로 대략 18만 원)의 벌금을 무는 초강수를 프랑스는 두었다. 그만큼 코로나 상황은 심각했다.

이 와중에도 작가의 부부는 서로 똘똘 뭉쳐 아이들과 지혜롭게 일상을 헤쳐간다. 가장 먼저 한 일은 방치했던 집안일을 손보는 것이었으니! 차일피일 미뤄뒀던 마당 잔디를 깎고, 온 가족이 화단을 가꾸고, 우중충하던 첫째의 방 벽지를 화사한 색으로 바꾼다. 교육적인 부분도 놓치지 않는다. 학교 원격 수업이 끝나고도 유익한 시간을 보내려고 며칠을 고심하던 아빠는 어느 날 '시간표'를 만들었고, 학교생활과 비슷하게 시간표를 채웠다. 아이들의 입이야 대빨 나왔지만, "너희는 지금 방학이어서 집에 있는 게 아니라"라는 말로 응수하며, 규칙적인 생활을 실천해간다.

원격 수업과 학교 숙제까지 마치고 나서의 시간표는 인상적이다.

교사인 아내의 능력을 발휘해 아이들과 역사 공부도 하고 교육 관련 영상도 본다. 그 후로는 부모와 여러 활동을 한다. 만들기도 하고, 보드게임(프랑스인들은 가족과 보드게임을 하는 게 일상이다)도 하고, 색칠 공부도 한다. 하물며 원격수업이 오전만 있는 수요일 오후는 아예 영화 보는 시간으로 정하기까지 한다. 이로써 일정하지 않게 영화를 보겠다고 우기는 아이들의 고집을 잠재운다. 아이들이 영화를 보면 부부는 자유의 시간을 즐긴다.(3살인 넷째가 낮잠을 자준다면 말이다). 브라보! 이토록 야무진 부모라니!

아이들 역시 부부의 노력에 보답하려는지, 각자 유익하게 즐기려 노력한다. 첫째는 새로운 놀이를 찾다가 팔찌 만들기, 500조각짜리 퍼즐 맞추기를 시도했고, 둘째는 친구와 엽서를 주고받았으며, 셋째와 레고 놀이도 했고, 중세 기사로 변장해 칼과 방패, 투구를 쓰고 집 안 곳곳을 누볐다. 다같이 시간을 보낼 수 있어서 좋다며 입을 모으는 아이들은 격리된 생활을 즐겁게 적응해갔다. 부부 역시 더욱 효율적인 가정생활을 위해 하나하나 맞추어간다. 삼시 세끼는 간편하게 뚝딱 만들 수 있는 레시피를 활용하거나, 함께 식사 준비를 하는 것처럼 말이다.

가장 감명 깊었던 부분은 부부 본인들의 시간을 살뜰히 챙기는 모습이었다. 프랑스 육아는 희생을 강요하지 않는다. 그만큼 부모 본인의 시간을 중시한다. 베이비 시터 시장이 활성화된 이유만 봐도 그렇다. 그래서 그들은 점심 식사가 끝나면 아이들에게 의무적으로 '조용한 시간'을 가지도록 지도했다. 조용한 시간이라 함은 각자의 방에서 한 시간 반 동안 허용된 두 가지 행동만 하며 휴식을 취하는 것이다. 두 가지 행동이란, 자거나 독서하는 것. 아이들이 '조용한 시간'을 위해 방에 들어가면, 부부는 정원으로 나가 커피를 마시고 보드게임을 즐겼다. 그들의 생활을 보고 있자면, 진정 코로나 시국이 맞나 싶을 정도로 잘 지낸다. 힘들고 우울하다고만 생각되던 가정 보육을 아이들과 알차게 보내는 부부. 그들의 모습은 감탄을 넘어 존경심을 불러일으켰다. 당연히 그들에게도 힘든 점은 있었지만, 나와는 너무도 다른 일상이 더 크게 다가왔다.

우리 집엔 마당도 없고, 남편은 출근하며, 아이들은 어려서 손이 많이 간다. 그들처럼 마당이라도 있다면 얼마나 좋으랴. 우리 딸에게 숟가락 하나만 쥐어줘도 온종일 흙놀이를 하며 신나게 놀았을 테다. 가장 좋아하는 최애 놀이 중 하나니까. 그 외로도 개미와 놀든, 꽃에 물을 주든, 자연이란 최고의 놀이터에서 시간 가는 줄 모르고 놀았을 거다.

허나, 비슷비슷한 콘크리트 상자 안에서 살아가는 우리에겐 슬프게도 먼 일이다. 아이들과 집에만 있기 답답하면 근처 놀이터라도 간다지만, 가면 또 어떤가. 아이들 마스크가 내려가면 올려주랴, 사람들이 많은 곳으로 간다 싶으면 제지하랴. 어느 것 하나 자유롭지 못하다.(더군다나 지금과 같은 폭염엔 놀이터에 갈 수조차 없다.)

그런 걸 생각하면 마당도 없는 네모난 콘크리트 상자일지라도 집만큼 마스크를 벗고 온전한 안전을 느낄 수 있는 은신처도 없지 않나 싶다. 집에서는 아무 제약 없이 활동할 수 있는데, 이게 어딘가 말이다. 비록 아이들이 집안 곳곳을 엉망진창으로 만들지라도. 치워도 치워도 끝이 없는 장난감 버프가 일어날지라도, 그 옆에서 첫째와 둘째는 소리 지르며 싸울지라도. 마스크를 벗고 자유롭게 놀 수 있는 장소가 있다는 것에 감사해야 하지 않을까. 네모난 콘크리트 상자에서의 한정된 생활일지라도 내가 할 수 있는 선에서 가정 보육을 슬기롭게 보낼 수 있는 방법을 찾아보는 게 현명한 일이었다.

아이들은 거창한 걸 바라지 않았다. 어디 나갈 수 없어도 엄마, 아빠와 노는 것만으로도 즐거워했다. 그래서 나는 아이들과 놀 때는 온전히 노는 것에 집중하고, 집에서 할 수 있는 놀이를 수집했다. 책 속 부부는 '조용한 시간'을 통해 휴식을 취했다지만, 내겐 가당치도 않은 일이었다. 우리 애들은 엄마에게 많이 의존하는 나이이기 때문에, 잠 대신 'TV'를 책 대신 '스마트폰'을 쥐어줘야만, 잠시라도 쉴 수 있었다. 이렇게나마 하루를 버틸 힘을 만들어갔다. 고작해야 보잘것없이 초라하게 생겨났지만.

내 앞에 놓인 현실이 하염없이 우울해서 힘이 나지 않을 때면, 어스름한 새벽에 일어나 책을 읽고 글을 썼다. 그 누구도 방해하지 않는 시간에 풀지 못한 하루의 감정을 마저 긁어냈다. 힘들고, 분하고, 후회되던 순간들을 마구마구 꺼낼수록 후련했다.

마음이 비워질 때면 그제야 보였다. 내가 할 수 있는 것과 할 수 없는 것의 경계가. 내가 할 수 없는 것에 대해 생각을 많이 하고, 깊게 할수록 스스로 힘들어질 뿐이라는 사실도. 책 속 부부처럼 유익하게 지내진 못하더라도, 이 시국에, 여의치 않은 환경에서 이 정도면 충분히 잘 해내고 있는 거라며 나 자신을 꼬옥 안아주었다. 내가 할 수 있는 최선을, 난 하고 있으니까. 그거면 되었다.

아이가 살아갈 세상을 위해

세계보건기구와 IPCC(기후변화에 관한 정부 간 협의체)는 기후위기로 인해 앞으로 감염병이 더 자주 닥칠 것이라고 경고했다. 코로나19는 어떻게 보면 기후위기로 인해 우리가 겪을 일의 극히 일부일 뿐이다.

이 문장은 타일러 라쉬의 《두 번째 지구는 없다》 49쪽에 나온 문장이다. 이 책을 읽으며 코로나의 발현에 대해 크게 두 가지로 생각해볼 수 있었다. 지구 온난화와 무분별한 산림 파괴다. 이와 같은 흐름이 지속된다면 앞으론 코로나와 같은 바이러스의 출몰 가능성은 더욱 높아질 것이다. 그렇다면 우리도 이젠 지구와 환경에 대해 관심을 갖고 대처해나가야 하지 않을까. 그래서 지구 온난화와 산림파괴가 어떻게 코로나와 같은 바이러스를 발현시키는지 정리해보았다.

첫 번째는 지구 온난화와 영구동토층에 관한 이야기다. 우리는 지구 온난화로 빙하가 녹고 있다는 말을 많이 들어왔다. 빙하가 녹으면 초래하는 문제로는 해수면 상승이 대표적이다. 그럼 여기서 더 파고들어가보자. 기온 상승이 계속 일어나면 영구동토층이 녹는다. 영구동토층이란, 1년 내내 물의 어는 점 이하로 유지되는 토양층으로, 대부분 고위도에 존재하고, 저위도에서는 고지대에 소수 위치한다. 우리가 아는 지역을 꼽아보면 알래스카, 시베리아가 있다. 영구동토층에는 매머드의 사체뿐 아니라 수많은 동물과 식물이 수천 년 이상 묻혀 있다. 근데 이게 녹으면 그 안에 있던 박테리아나 바이러스가 노출되고, 하물며 지연되거나 멈춰 있던 사체의 부패가 진행된다. 이 과정에서 새로운 전염병을 불러올 수 있는 것이다.

두 번째는 무분별한 산림 파괴다. 사람들의 극심한 산림훼손은 토사 유출, 홍수 등의 자연재해를 일으킨다. 이것으로 서식지를 잃은 야생동물은 사람이 거주하는 곳이나 목축지로 이동하여 사람과 접촉할 확률을 높인다. 이게 뭐가 어떻다는 건가 의아한 분이 계실지도 모르겠다. 여기서의 문제는 바이러스에 감염된 동물이 사람과 접촉하게 되는 부분이다. 즉 인수 공통 감염병(동물과 사람 사이에 상호 전파되는 병원체에 의하여 발생되는 전염병)을 일으킬 가능성이 상당히 높아진다는 얘기다.

수의학 저널(Veterinary Science)에 따르면 지난 80년간 유행한 전염병들은 인수 공통 감염병에 해당한다고 말한다. 80년대에 발현한 에이즈 바이러스는 유인원(고릴라, 오랑우탄 같은 긴팔원숭잇과와 성성잇속에 속하는 포유류를 통틀어 이르는 말)에서, 2004~2007년에 발생한 조류 인플루엔자는 새, 2009년에 유행한 신종플루는 돼지, 2003년 전 세계를 공포에 몰아넣었던 사스(SARS)와 2014년에 대유행한 에볼라는 박쥐에서 사람으로 옮겨왔다. 현재 지긋지긋하게 당면하고 있는 코로나 역시 박쥐로부터 감염된 것으로 알려져 있다.

지금처럼 지구 온난화와 무분별한 산림파괴가 진행된다면, 앞으론 코로나보다 더 악랄한 바이러스가 출현하게 되는 건 시간문제다. 내 앞에서 천진난만하게 장난치는 아이들을 보면 마음이 무겁다. 나의 유년시절과는 확연히 다른 환경에서 사는 아이들. 밥만 먹으면 뛰쳐나가 놀던 생활은 미세먼지 농도를 확인하며 외출 여부를 결정해야 하고, 바다로 산으로 놀러 가기 바빴던 여름은 폭염주의보 발령으로 조심해야 하는 계절이 되었다. 더군다나 지금은 마스크 없인 나갈 수도 없다.

머지않은 미래엔 지금의 마스크만으론 방역이 안 되는 세상이 올지도 모른다. 생각만으로도 암울하다. 이 상황에서 난 부모로서 아이들이 살아갈 세상을 위해 어떠한 도움을 보낼 수 있을까. 환경을 위해 어떤 일들을 할 수 있을까. 지금까지 해왔던 일들은 분리수거와 음식물 쓰레기 분리배출, 대중교통 이용하기, 전기 절약하기, 장바구니 사용하기 정도다. 이 중에서도 분리수거는 환경 문제에 크게 이바지한다고 여겨 가장 성실히 임했다. 대한민국의 분리수거는 세계 최고 수준이다. 근데 세계 인구 78억 명 중 불과 0.66%에 해당하는 게 우리나라의 인구 수다. 한국인들 90% 이상이 분리수거를 아무리 열심히 한다고 해도 다른 국가들이 동참하지 않으면 효과는 미비할 뿐이다.

《두 번째 지구는 없다》에선 문제 해결을 위한 실질적인 방법을 제시한다. 전 세계 인구 78억 명이 부지런히 분리수거에 동참하는 것보단 100개의 글로벌 기업이 생산 방식을 석탄과 플라스틱이 아닌 재생 에너지와 친환경 생산 방식으로 바꾸는 게 효과적이라는 것이다. 그럼 팻말이라도 들고 글로벌 기업을 상대로 친환경 경영으로 바꿔야 한다고 시위라도 벌어야 하는 걸까. 기업에게는 친환경 경영이라는 것이 추가적 비용 지출이라는 문제를 일으킨다. 그렇기 때문에 급격한 친환경 생활 및 경영을 요구한다면 많은 반발이 일어날 것이다. 이러한 기업을 움직이기 위해선 어느 정도의 강제력이 필요하고 그러기 위해선 관련 법안이 필요하다. 일반적으로 법률이 만들어지는 과정은 국회의원이나 정부가 법안을 발의하고 국회에서 심사 및 표결하여 대통령이 공표하고 시행하는 구조다. 이를 위해선 당연히 정치인들이 친환경에 대한 관심이 중요할 테다.

그런 걸 생각하면 언제 실천될지……. 아니 그 근처에 도달이나 할지 미지수다. 이런 상황에서 아무것도 안 하고 기다리느니, 효과는 미비하더라도 내가 할 수 있는 일들을 하며 힘을 보태는 게 최선인 듯싶다. 그래서일까. 지금보단 좀 더 다양한 실천을 하고 싶어졌다. 그렇다면 해왔던 일 말고 어떠한 실천들을 추가할 수 있을까.

실천 하나, 슬기로운 플라스틱 생활

분리수거 된 플라스틱 중 재활용되는 플라스틱은 겨우 30%에 불과하다는 사실을 아는가. 그리고 분리수거 된 플라스틱은 어떤 과정을 거치는지도 아는가. 분리배출된 플라스틱은 수거/선별/처리 3단계를 거친다. 우리가 늘상 보는 수거차량이 분리배출된 쓰레기를 수거해서 재활용 선별 업체로 전달한다. 선별 업체에서는 재활용될 만한 폐플라스틱을 골라내어 처리 업체로 보낸다. 처리 업체에서는 또 한 번의 선별 작업을 진행한 후 세척과 분쇄를 통해 재생 원료를 얻는다.

이러한 과정에서 폐기되는 플라스틱이 무려 70%에 달하는 것이다. 폐기되는 플라스틱은 대부분 라벨이나 이물질 탓인데, 그렇기 때문에 앞으론 좀 더 신경 써서 라벨을 떼어내고, 이물질이 묻어 있으면 씻어야겠다는 생각이 들었다. 이 외로도 무얼 더 할 수 있을까. 플라스틱 통의 구매 횟수를 줄여 볼까. 만약 구매한다면 여러 번 재사용하고, 과대 포장된 제품 구입은 최대한 피해볼 수도 있겠다. 그리고 재활용이 어려운 유색 페트병보단 투명 페트병을 사는 것도 좋은 방법인 듯싶다.

실천 둘, FSC(국제 산림 관리 협의회) 인증 마크 확인하기

세계자연기금(WWF-지구 생명 보고서 2020)에 따르면 최근 50년간 산림 벌채로 야생 동물 개체 수가 3분의 2로 급감했다고 한다. 이를 해결하기 위해 1993년에 국제 산림 관리 협의회가 설립됐고, 산림 경영 인증 시스템인 FSC(Forest Stewardship Council)가 구축됐다. FSC란, 쉽게 말해 우리나라의 환경마크와 비슷하다. 환경마크는 친환경적이며 품질이 우수한 제품에 대해 환경부가 친환경 상품을 공인하는 인증 제도다. FSC 마크도 마찬가지다. 벌목 시 보전 구역 및 보호 지역

FSC 인증 마크는 주로 바
코드 근처에 표시된다.

을 침해하지 않기를 포함한 10가지 원칙 및 56개의 세부 조항에 부합된 상품에 국제 산림 관리 협의회가 FSC 인증 마크로 공인하는 인증 제도인 것이다.

여기서 반가운 소식은 많은 브랜드들이 용기나 패키지를 만들 때 환경에 미치는 부정적인 영향을 최소화하기 위해 노력하기 시작했다는 사실이다. 그에 따라 FSC 인증을 받은 제품으로 교체하려는 움직임이 보이고 있다. 이러한 변화의 중심엔 소비자들의 인식의 변화가 자리한다. 그 어느 때보다도 환경에 대한 관심이 고조되는 가운데 일상에서나마 환경에 도움이 되는 소비를 추구하는 소비자들이 날로 늘어나고 있기 때문이다. 나 역시 이 기회로 의식 있는 소비에 동참하고자 한다. 그 첫 번째 실천은 FSC 인증 마크가 부여된 상품인지 확인하기다.

실천 셋, 이왕이면 친환경 기업의 제품으로 구입하기

방금 언급한 FSC 인증 마크와 이어지는 내용이다. FSC 인증은 친환경 경영을 추구하는 기업과 결을 함께한다. 여기서 친환경 경영이란 뭘까. 친환경 경영(=녹색경영)이란 기업이 경영 활동에서 자원과 에너지를 절약하고 효율적으로 이용하며 온실가스 배출 및 환경 오염의 발생을 최소화하려는 경영 체제를 말한다. 친환경 기업하면 어렵지 않게 떠오르는 곳이 있다. 바로 스타벅스다.

2018년도에 바다거북 콧구멍에 10cm가 넘는 빨대가 박힌 모습을 뉴스에서 보도한 적이 있다. 인간이 사용한 플라스틱으로 애꿎은 동물들이 위협받는다는 사실은 많은 이들의 마음을 뒤흔들었다. 그 후로 플라스틱 빨대에 관한 논란은 뜨겁게 불거졌다. 이때였다. 스타벅스가 종이 빨대라는 획기적인 변화를 시도한 게. 종이 빨대라니! 정말 생각지도 못한 발상의 전환이었다. 소비자들에게 논란이 될 수 있음에도, 서슴지 않고 추진한 스타벅스가 용감하면서도 위대해 보였다.

스타벅스는 이 외에도 여러 친환경 활동을 펼쳐 나가고 있다. FSC 인증을 받은 종이로 만든 일회용 컵, 티슈 등을 사용하고, 텀블러 사용을 유도하며, 친환경적으로 재배된 원두만을 구매한다. 이를 위해 2004년에는 C. A. F. E(Coffe and Famer Equity) Practice이라는 스타벅스 자체 친환경 원두 구매 가이드를 출범하기까지 했다. 환경에 이바지하고자 고민한 흔적이 다분히 보이는 대목이다. C. A. F. E Practice에는 원두 품질, 거래 투명성, 사회적 책임, 환경 보호 등 총 4개의 기준과 200여 절차가 포함된다. 이것을 모두 충족시킨 커피 농가의 원두만을 거래하는 것이다. 내가 자주 이용하는 브랜드가 친환경을 고민하며 하나하나 시도해나가는 모습은 소비자로서 그 기업에 대한 애정을 더욱 농밀하게 만들고 자부심을 갖고 이용하게 한다. 그러니 이런 기업이 많아져야 한다.

그럼 스타벅스 외에도 어떤 기업들이 있을까. 글로벌 기업으로는 이케아(IKEA), 어도비(Adobe), 나이키(NIKE)가 눈에 들어왔고, 국내 기업으론 아모레퍼시픽, 마켓컬리, 이마트가 눈에 띄었다. 아모레 퍼시픽은 화장품 용기 라벨이나 패키지에 FSC 인증 종이를 사용하기 시작했다. 마켓컬리는 '올 페이퍼 챌린지'를 통해 새벽 배송의 냉동 상품 포장재를 스티로폼에서 종이박스로 변경했고, 상품의 파손을 막기 위해 사용하던 비닐 충전재 및 비닐 포장도 종이 충전재로 교체했다. 이마트는 '그린 캠페인'을 열어 '모바일 영수증 캠페인', '친환경 장바구니 캠페인', '롤 비닐 감축 운동' 등 다양한 활동을 지원하고 있다. 환경을 생각하며 변화를 도모하는 기업들의 행보를 보니 전에 없던 의욕이 샘솟는다. 앞으론 환경을 위해 무언갈 시도하는 기업에서의 소비를 추구하며 응원할 테다.

실천 넷, 고기 덜 먹기

환경오염과 고기와의 연결고리는 상상하지도 못한 일이다. 축산업은 온실가스 배출량의 18%나 차지하고, 산림을 훼손하기까지 한다니! 입을 다물 수가 없었다. 공장식 축산업을 운영하기 위해서는 상당한 규모의 토지가 필요하다. 이를 위해 농장주들은 매해 많은 산림을 벌목하고 화전하여 부지를 얻는다. 결국 무분별한 산림 파괴로 탄소흡수율은 낮아진다. 그러므로 축산업에 의한 온실가스 배출 비중은 매해 높아지고 있는 것이다. 2006년 유엔식량농업기구는 아마존 산림의 70%가 축산업으로 파괴됐다고 발표했다. 축산업에 의한 환경 파괴의 심각성을 보여주는 대목이다. 축산업의 폐해는 여기서 끝나지 않는다. 가축을 대량 사육하려면 엄청난 양의 사료 작물을 재배해야 한다. 여기서의 문제점은 어마어마한 양의 유독 살충제를 사용하게 된다는 것이다. 이로 인해 수천 종의 야생 동물을 멸종 위기로 몰아넣는 악순환에 빠진다.

이러한 내용을 알게 되니 고기를 대하는 시선이 달라졌고, 별스럽게 간주했던 비건이 슬기롭게 여겨졌다. 불과 얼마 전까지만 해도 비건이 대단해 보이기보단 다른 세계의 사람처럼 느껴졌던 나였다. 어떻게 고기를 안 먹고 살 수 있나 싶었으니까. 물론 건강 때문에 비건을 하는 분들도 계시지만, 요즘 비건을 시작하는 대부분의 사람들은 동물과 환경을 위해 시작하는 경우가 다반사다. 그래서 나 역시 무리하지 않는 선에서 시작해보려 한다.

비건을 시작하려면 비건에 대해 알아야 한다. 그래서 이번 기회에 공부했고, 채식주의자도 모두 같은 채식주의자가 아니란 사실을 알게 되었다. 채식주의는 크게 베지테리언(Vegetarian)과 세미 베지테리언(Semi Vegetarian)으로 나뉜다. 베지테리언(Vegetarian)은 철저하게 식단을 절제하지만 세미 베지테리언(Semi Vegetarian)은 베지테리언((Vegetarian)보다 허용범위가 넓다. 베지테리언은 비건, 락토, 오보, 락토 오보로 나뉘며, 세미 베지테리언은 폴로, 페스코, 플렉시테리안으로 나뉜다.

우리가 많이 듣는 비건(Vegan)은 완전한 채식주의자다. 동물에서 얻은 식품은 일절 거부하고 식물성 식품만 먹는다. 락토(Lacto) 채식은 우유와 유제품은 허용하고, 오보(Ovo)채식은 동물의 알을 용납한다. 락토 오보(Lacto Ovo) 채식은 달걀, 우유, 유제품을 허용한다.

세미 베지테리언(Semi Vegetarian)에는 가수 이효리와 배우 이하늬가 하는 페스코(Pesco) 채식이 유명한데, 우유, 동물의 알, 어류를 허용한다. 플렉시테리안(Flexitarian) 채식주의는 상황에 따라 육식을 섭취하며, 폴로(Pollo) 채식은 우유, 달걀, 생선, 조류를 용납한다.

정리하다 보니 착실한 채식주의를 해나갈 자신은 없어졌다. 나란 사람은 피곤할 때는 양념치킨을 와구와구 뜯어 먹으며 기력을 채우고, 고기를 먹게 되면 입속에서 살살 녹는 소고기 등심이나 살치살을 즐긴다. 축 처질 땐 매콤한 야채 곱창을 잘근잘근 씹으며 맥주를 원샷해야지만 우울이 풀리는 유형의 사람인지라, 핑계처럼 들릴지도 모르지만 무리하지 않는 선에서나마 시도해보려 한다. 평소보단 고기를 덜 먹고, 고기를 먹더라도 온실가스를 가장 적게 발생시키는 닭고기로 대체하는 수준이랄까.

실천 다섯, 종이팩 모아 주민센터에 가져다주기

종이팩이란 우유, 주스, 두유 등의 용기로 사용되는 팩을 말한다. 근데 여기서 종이팩을 모아 주민센터에 가져다주면 생필품(종량제 봉투, 휴지, 키친타월 등등)으로 교환해 준다는 사실을 아는 사람의 비율은 얼마나 될까. 내 주위에 대부분의 사람들은 몰랐고, 나 역시 얼마 전에야 알게 되었다. 그것도 우연히!

불현듯 궁금했다. 종이팩을 버릴 땐 종이 분리 수거함에 넣으면 되는데 주민센터에선 왜 굳이 종이팩 모아 캠페인을 별도로 벌이는 걸까. 이유를 알게 된 나는 씁쓸함을 감출 수가 없었다. 그동안 열심히 종이 수거함에 분리배출했던 우유팩들은 재활용되지 않고 소각, 매립된다는 사실을 알았기 때문이다. 종이 분리수거함에 섞인 종이팩

은 일반 폐지와 재질이 달
라 신문지, 골판지 등이 주
재질인 제지 공정에서 폐기
물로 배출된다니…… 그럼
그동안 난 대체 뭘 한 걸까.

충격이 컸던 나는 그리
하여 종이팩 모아 캠페인을
알게 된 시점부터 참여하고
있다. 우리 집은 우유 소비
가 많다. 3일 동안 1,000ml
우유를 4팩이나 마시니까.

가장 즐기는 인물로는 나와 둘째 세윤이를 꼽을 수 있겠다. 나는 우유
가 들어간 커피를 즐긴다. 요새는 카페모카를 하루 한 잔은 꼭 마시고
있다. 더운 여름에는 시원한 카페모카가 제격이고, 추운 겨울에는 따
뜻한 카페라테와 카푸치노가 으뜸이다. 그러므로 지금은 아이스 카페
모카를 부지런히 즐기는 중이다.(봄과 가을에는 두루두루 마신다)

둘째는 나를 닮아 우유 괴물이다. 물 대신 우유를 마실 정도로 좋
아한다. 밥 먹을 때도 물 대신 우유를 마시니 말 다 했다.(어린 시절의
나와 이렇게 똑같을 수가!) 이렇다 보니 우유팩 2~3kg를 모으는데 그리
오래 걸리지 않는다. 한 달 반에서 두 달 마신 우유팩을 부지런히 헹
구고, 자르고, 말리는 시간과 정성은 종량제 봉투 20ℓ 1장과 10ℓ 1장
으로 교환된다. 그럴듯한 보상은 아닐지라도 환경에 이바지한다 여기

며 하다 보니 어느새 세 번이나 주민센터에 가져다주었다. 한 박스 가득 모아진 우유팩을 보고 있자면 뿌듯함은 이루 말할 수 없다.

'종이팩류 구분은 바코드 근처에서 확인할 수 있다.'

이외에 여섯 번째와 일곱 번째의 실천은 이면지 활용하기와 아이스팩은 아이스팩 전용 수거함에 넣기다.(아이스팩 전용 수거함은 대체로 구청, 주민센터에 설치되어 있다.)

새로 추가된 행동은 이 정도다. 비록 작디작은 행동일지라도 환경 문제에 이바지한다 여기며 자부심을 갖고 행해나가려 한다. 큰 변화가 일어나진 않겠지만, 한 사람 한 사람의 작은 실천이 모이다 보면 변화의 불씨로 번져나갈 거라 믿는다. 환경에 관심을 갖는 사람이 늘어나면, 친환경 지향적인 소비자들도 늘어날 테다. 그럼 기업도 변할 것이다. 아이들에게도 환경 문제에 대해 알려주며, 환경을 생각하는 아이로 키워나가야 하겠다. 부디 아이들의 세상은 회색빛이다 못해 거무스레한 세상은 아니길 바라며, 나는 오늘도 미력하게나마 힘을 보태본다.

| 희망 편 |

엄마로
코로나 팬데믹
건너기

공동육아로 버텼다

"우리 내일도 뭉칠까요?"

A의 엄마에게 문자했다. 우린 A의 집에서 막 돌아온 상태였다. 코로나 확진자가 걷잡을 수 없이 늘어가던 2020년 2월 말, 어린이집과 유치원은 긴급 보육 체제를 시행했다. 아예 운영을 중단할 수도 있었겠지만, 이 시대의 많은 맞벌이 가정을 위한 정부의 방침이었다. 반면, 전업주부인 내겐 '가정 보육'이라는 엄청나고도 묵직한 중압감이 머리 위로 쿵! 떨어졌다.

'집에서 두 아이와…… 어떻게 버티지?'

가혹한 현실을 외면하고 싶었다. 솔직히 처음엔 어떻게든 버티겠지 싶었지만, 막상 가정 보육을 이틀해보니 속절없이 무너졌다. 그럼에도 내가 버틸 수 있었던 이유는 어려움을 함께 나눌 사람이 있었기 때문이다. 그건 바로 A의 엄마다. A는 우리 딸과 어린이집 친구였다. 성별은 달랐지만 각별히 친하게 지냈고, 서로의 집도 몇 차례 오간 사이다. 첫 가정 보육을 시작으로 우린 서로의 집을 은신처 삼아 주 3~4일 왕래했다. 오늘은 우리 집, 내일은 A집. 그러다 며칠 쉬기도 했고,

연달아 서로의 집에 가기도 했다. 그렇게 지내다 보니 가정 보육 절반을 A와 함께 보냈다.

함께하는 시간이 쌓일수록 서로의 집에 익숙해졌다. 끼니를 해결한 후엔 내 집인 양 설거지했고, 피곤하면 누웠다. 여분의 접시, 간식, 장난감 등등 집안 물건의 위치도 빠싹하게 꿰뚫었으니 필요하면 각자 알아서 썼다. 많은 날의 왕래로 우리에겐 신뢰를 넘어 굳은 믿음이 생겼다.

"오늘은 제가 애 볼게요. 우리 집에 A 보내세요! 그 시간에 푸~욱 쉬시고요!"

서로의 아이를 맡기기 시작했다. 초반엔 A의 엄마가 걱정할까 봐 아이들의 모습을 사진 찍어 보냈다. 그러나 나중엔 이마저도 하지 않았다. 7살 아이들은 엄마 없이도 별일 없이 잘 놀았으니까. 새로운 환경, 색다른 장난감, 함께 놀 친구. 이 삼박자가 있는데 어찌 즐겁지 아니할까. 나는 그저 잠깐씩 놀이를 거들고 간식을 챙겨주면 됐다. 재밌는 것은 A가 우리 집에 자주 오면서 루틴이 생겼다는 거다. A가 오면 베이블레이드(팽이)로 놀이는 시작된다. 베이블레이드는 A가 가장 좋아하는 놀

이다. 그 후론 베개 싸움, 소꿉놀이, 간식 먹으며 Wii하기, 무궁화 꽃이 피었습니다, 풍선 놀이를 순차적으로 하고 저녁을 먹고 TV를 봤다. 그러다 보면 어느새 어둑어둑한 밤이었다. 띵동! 저녁 8시. 인터폰 너머로 A의 엄마가 보였다. 이제 A가 돌아갈 시간이다.

"잘 쉬었어요?"

"덕분에요! 너무너무 고마워요! 내일은 우리 집에 보내요!"

아이들 역시 이별 인사는 '내일 또 만나'였다. 그럼 내일은 세연이가 갔다. 세연이 역시 저녁 8시까지 신나게 놀다 왔다. 그렇게 우리는 어디 나갈 수도 없는 갑갑한 가정 보육을 의지하며 버텼다. 만약 서로 돕지 않았다면 이 시간을 어떻게 보냈을까? 얼마나 힘들었을지 상상이 가고도 남는다. 그걸 알기에 우린 더욱 망설임 없이 도왔고, 손 내밀었다.

이 시기에 엄마들은 겨울보다 더 강하고 가혹한 마음의 추위를 앓았다. 나도 그랬고, 주위의 엄마, 아빠, 더 나아가 모든 사람이 그랬다. 혹독한 추위를 이겨낼 방법은 우리 앞에 놓인 현실을 직면하고 견디는 일뿐이었다. 그 외에 우리가 할 수 있는 일은 없었다.

앞에 놓인 현실로 엄마들은 하루하루 지쳐갔다. 그때 이런 생각을 많이 했다. 과거의 육아가 더 나았던 게 아닐까. 내 어린 시절만 하더라도 할아버지, 할머니, 큰 삼촌, 작은 삼촌, 고모, 우리 가족은 한 집에서 박작박작 살았다. 가게를 운영하는 부모님은 아침 일찍 나가 밤늦게 돌아왔다. 그 사이 나를 돌본 건 삼촌과 고모였다. 20살 언저리의 삼촌과 고모는 2살도 안 된 조카의 똥 기저귀를 스스럼없이 갈았

팬데믹? 엄마니까 버텨봅니다!

고, 돌봤다. 그 시대에 비해 지금은 가족 구성원이 단출하다. 많아야 다섯 식구다. 이런 환경에서 엄마들은 육아를 헤쳐간다. 도움이 필요할 때면 보통 양가 부모님에게 부탁하지만, 여의치 않을 경우엔 홀로 해결해야 한다.

이 시대의 육아는 녹록지 않다. 그래서 많은 엄마들이 육아 커뮤니티에 접속해 감정을 쏟아내고, 고민을 나누고, 궁금증을 해소한다. 그중에 적극적인 엄마들은 더 나아가 오프라인으로도 인연을 발전시킨다. 적극적이지 않은 나는 오프라인으로 인연을 발전시키는 엄마들을 볼 때면 그저 신기하다. 그런 걸 생각하면, 어린이집에서 잘 맞는 인연을 만난 건 내게 큰 행운이었다. A와의 인연은 첫째가 5살 때부터 현재에 이르기까지(8살) 이어져 오고 있다. 당연히 지금도 도움을 주거니 받거니 하는 각별한 사이다. 불현듯 감사했다.

서로의 고됨을 아는 이가 있다는 것이
아이를 믿고 맡길 수 있는 엄마가 있다는 것이
도움을 주고받는 엄마가 있다는 것이

이 인연은 코로나 시국에 진정한 빛을 발했다. 내 주위로 넓게 퍼진 빛의 따스함으로 코로나의 추위를 이겨낼 수 있었다. 서로의 관심과 도움의 손길이 분주히 오갔던 코로나 시국의 공동육아를 나는 잊을 수가 없다.

엄마로 코로나 팬더믹 건너기

계속 실패할 거지만
계속 시도하겠다는 마음가짐

"본인을 너무 자책하지 마세요!"

TVN 〈미래수업〉에 나온 노규식 박사가 별을 응시하며 말했다. 그 말을 들은 별은 손을 입에 갖다 대며 눈을 질끈 감았다. 다시 눈을 뜬 그녀의 눈가는 촉촉했다.

"계속 실패할 거지만 계속 시도하겠다는 마음가짐이 중요해요. 그 마음가짐만 가지고 있으면, 이 어려운 시기 아이들과 함께 잘 헤쳐나 가실 수 있을 겁니다."

노규식 박사가 말을 마치자 별은 다부진 표정을 지으며 노력하겠 다고 말했다. 그 화면을 보고 있던 나도 고개를 끄덕였다. 나는 가정 보육 중에 나를 돌아봤다. 갑자기 뜨거운 화산처럼 폭발했고, 입도 떼 기 싫어 아이들이 불러도 침묵한 적도 있으며, 이유 없이 아이들에게 짜증 내기도 했다. 그 모든 순간 난 분명히 알고 있었다. 이렇게 하면 안 된다는 걸. 그럼에도 매번 생각했다. 다음번엔 좀 더 참겠다고. 그 때마다 그런 내가 한심했고, 실망스러웠다.

팬데믹? 엄마니까 버텨봅니다!

가정 보육 때 곱절로 힘들었던 건 어디 놀러 나갈 수 없었다는 거다. 키즈카페라도 가서 아이들을 풀어놓을 수만 있다면 이렇게까진 힘들지 않았을 테다. 집에 콕 박혀 아이들과 지내는 것보단 훨씬 나으니까. 그런데 코로나란 무시무시한 녀석은 용납하지 않았다. 날이 밝아 오는 게 두려웠다. 두 아이와 뭘 하며 하루를 보내야 할지, 어떻게 놀아줘야 할지, 뭘 먹여야 할지 고민의 연속이었다. 틈만 나면 집에서 할 만한 놀이를 검색했다. 쉽고도 재료가 간단한 놀이를 찾는 건 생각보다 쉽지 않았고, 찾았더래도 얼마 안 가 다시 검색해야 했다. 아이의 싫증은 유난히 빨리 찾아왔으므로.

밥은 또 어떤가. 나름대로 불고기를 만들면 첫째는 안 먹겠다며 짜증 내고, 둘째는 고기를 껌처럼 잘근잘근 씹었다. 첫째가 가장 좋아하는 짜장밥을 만들면 첫째는 잘 먹었지만 둘째는 도망 다니며 얼굴을 획 돌렸다. 두 아이가 다 잘 먹는 계란 프라이를 만들면 첫째는 자기가 원하는 모양이 아니라며 입을 삐쭉 내밀었다. 아이들에게 내쳐지는 음식을 마주할 때면 내가 왜 이 짓거리를 하고 있나 싶었다. 그래서 이 짓은 가정 보육 3주 차에 무너졌다. 3주 차부턴 체력적으로도 정신적으로도 견디기 버거웠다. 그런 와중에도 첫째와 둘째는 싸웠고, 짜증 냈고, 투정 부렸다. 나는 숨을 공간이 필요했다. 그래서 아이들에게 TV를 원 없이 보여줬다. 두 아이가 화면에 빠져 있을 때나마 혼돈에서 벗어날 수 있었으니까. 쌓여 있는 설거지도, 온 집안에 널브러져 있는 장난감도 중요한 게 아니었다.

'근데! 애들은 왜? TV를 며칠이고, 몇 시간이고, 원 없이 보여준다

는데도 왜 마다하는 걸까.'

어느새 첫째는 내 옆으로 와서 온몸으로 바닥을 닦으며 말했다. "심~심~해~~~~." TV 틀어주는 것도 맘처럼 안 되던 어느 날 눌러왔던 감정이 폭발하고 말았다. 덜컥 겁이 났다. 나는 부리나케 안 방으로 들어가 문을 잠갔다. 애들이 부르든 말든 이불을 입에 갖다 대 며 괴성을 질렀다. '악~~악~~~으악~~~~!' 목이 찢어질 거 같 았지만 내 안에 부글대는 이 녀석은 사라지지 않았다. 그 녀석을 없애 기 위해 더욱 힘껏 괴성을 질렀다. 애들은 문을 두드리며 애타게 소리 쳤다.

"엄마~ 엄마~."

두 아이는 점차 심하게 문을 두드렸다. 이불을 입에 더욱 바짝 갖 다 댔다. 괴성을 몇 번 더 지르곤 떼어지지 않는 입으로 애들에게 말 했다.

"엄마 잠깐만 화 좀 풀고 나갈게."

첫째는 알겠다며 돌아섰지만 둘째는 점점 심하게 울었다. 내 안의 분노와 둘째의 울음소리는 한데 어우러졌다. 질식할 것만 같았다. 화 도 내 맘대로 풀 수 없다니. 내겐 분노를 풀 시간이 필요했으나, 여의 치 않았다. 그날따라 벗어나고 싶어도 벗어날 수 없는 엄마라는 자리 가 온몸을 짓눌렀다. 이러다가 몸뚱어리도 먼지처럼 사라졌으면 좋겠 다고 생각했다.

그날부터 며칠 후, 〈미래수업〉을 본 건 천만다행이었다. 노규식 박

팬데믹? 엄마니까 버텨봅니다!

사는 코로나 가정 보육 중엔 특히나 부모의 정서적 안정이 중요하다고 말했다. 그래야 아이들을 포용할 수 있다고. 부모의 정서적 안정을 위해선 스트레스를 풀 시간이 필요하다. 혼자만의 영화, 독서, 산책, 만남 등이 이것에 해당되는데 코로나 가정 보육은 이것을 모두 앗아갔다. 그래서 이 시기 부모들은 뚜껑 닫힌 가마솥 안에서 계속 열만 오르는 상황인 거다.

노규식 박사는 그런 부모의 상황과 마음을 누구보다 잘 알았다. 그가 별에게 말할 때 나 역시 울었다. TV로나마 엄마의 상황과 마음을 알아준 그가 고마웠다. 험난한 가정 보육 중에 가장 필요한 말이었고, 극한 육아에 지친 나를 꽈~악 안아주는 말이었다. 그 후로 노규식 박사의 말은 머리에서 떠나지 않았다. 남은 가정 보육을 버텨내는 데 그의 말은 큰 지지대가 되었다. 그 말 하나가 남은 가정 보육을 버티게 했다.

"본인을 너무 자책하지 마세요! 계속 실패할 거지만 계속 시도하겠다는 마음가짐이 중요합니다."

코로나 시대, 마음은
어떻게 다스리죠?

코로나로 옥신각신하다 보니 어느새 1년이다. 확진자 동향에 따라 등원 여부를 결정하고, 코로나의 변수로 일을 구하지 못한 1년이기도 했다. 신랑과 어머니는 말한다.

"너라도 집에 있으니까, 우리가 맘 편히 일을 다녀. 만약 너까지 일을 다녔으면, 어쩔 뻔했니."

맞다. 나라도 집에 있으니 코로나 상황에 맞게 아이들을 돌볼 수 있기에 신랑과 어머니는 걱정 없이 출근한다. 다행일 수 없다. 근데 1년 동안 코로나 상황을 경계하고 살피다 보니 내가 너덜날 지경이다. 동네에 확진자가 발생했다는 문자라도 오는 날이면, 너덜하다 못해 생살이 뜯겨나가듯 괴롭다. 체력은 체력대로, 마음은 마음대로, 지치고, 지치고, 지치다.

'얼마나 참고, 얼마나 애쓰고, 얼마나 견뎌야 할까?'

몇 곱절 힘든 건 정확한 데드라인이 없다는 거다. 데드라인이라도 있었다면 덜 힘들었을 것이다. 언제일지도 모를 그날을 기다리다 보

면 마음엔 구김살이 지고, 무기력은 덤으로 온다. 나처럼 코로나 우울
증으로 시름시름 앓는 사람들이 많다 보니 전문가들은 글과 영상으로
극복법을 알린다.

몸과 마음의 상태를 알아차리세요.
몸과 마음을 최대한 고요하게 안정시키고 회복할 시간을 가지세요.
스트레스를 줄일 수 있는 나만의 활동, 특히 몸을 쓰는 활동을 하세요.
자신의 몸과 마음에 긍정적 기운을 불어넣어 주는 활동을 하세요.
〈코로나 스트레스 극복을 위한 마음 처방〉
〈서울시 Covid19 심리지원단(http://covid19seoulmind.org/prescription/4187/)〉

따라 해본다. 아이들이 잘 때 1~2시간 일찍 일어나 책도 읽고 글
도 쓰며 마음을 돌본다. 아이를 등원시킬 땐 새벽에 충전한 에너지가
하루 종일 가지만, 문제는! 가정 보육 때다. 아이들과 복작거리다 보
면 2시간 동안 충전한 에너지는 30분도 안 돼서 방전되고 만다. 남은
하루를 어찌 견딜까. 데친 시금치처럼 축 늘어진다. 하루 종일 아이들
과 지지고 볶다 보면 몸과 마음을 돌볼 시간도, 여력도 없다. 나의 일
상이 결핍될수록 마음은 콩알만 해진다. 인내심의 한계와 자제력의
고갈로 화는 순간순간 솟아오르는데, 대체 어떻게 화를 누그러뜨린
담?
우스운 말일지도 모르지만, 화가 거하게 솟아올라치면 잠시 아이
들과 떨어져 인터넷 세계로 도피한다. 거기엔 나와 같이 육아 격전지

에서 사투하는 엄마들이 있다. 육아의 고통을 아는 그들은 동료이자 선배다. 그들의 격려에 나는 힘을 얻는다. '너도 아프냐, 나도 아프다.' 한마음 한뜻으로 연결된 느낌. 나와 함께 지금의 시국을 건너는 전우가 있다는 사실만으로도 쓸쓸하지 않고 서럽지 않다. 그들은 나의 괴로움을 어루만져 주는 것도 모자라 꿰매 준다.

"그냥 즐겨요.", "아이들과 이참에 좋은 추억 만들어요.", "엄마가 정신 단단히 잡아야 해요."라는 말 대신 "오늘 저도 애들에게 소리쳤어요.", "저도 미칠 거 같아요.", "힘들 땐 어린이집에 보내요. 엄마가 먼저 살아야죠."라고 말해주는 이들이 눈물 나게 고마웠다.

내게 필요한 건 고무적인 조언과 지적이 아니라, 폭풍같이 휘몰아치는 감정을 알아주는 것이었다. '워킹맘'도 마찬가지일 테다. "이 시국에 일을 다녀야 해요?", "아이한테 미안하지 않아요?", "아이는 어떡해요."라는 말보다, "저도 그맘 알아요.", "어쩔 수 없잖아요." 같은 말이 힘이 되지 않을까. 정혜신 박사의 《당신이 옳다》에는 공감의 중요성을 수차례 언급한다.

거의 모든 심리적 어려움의 원인을 뇌에서 찾고 있는 이 시대에 나는 공 모양의 물통처럼 소박하지만 강력한 위력을 지닌 심리적 힘을 말하고자 한다. 그 힘은 즉시 작동한다. 약물치료보다 더 빠르게 사람 마음을 움직이는 힘이다. 삶의 고통에 실질적으로 대처하는 실용적인 힘이다. 그 힘의 중심이 공감이다.

(중략)

이것은 부유하든 가난하든, 강자든 약자든, 많이 배웠든 못 배웠든, 노인이든 아이든 누구에게나 적용된다. 공감이 뭔지 제대로 알게 되면 종이에 접은 새가 비둘기가 되어 날아가는 마술을 마음에서 경험하게 될 것이다.

                                         – 정혜신, 《당신이 옳다》 중에서

마음이 불안하고 지칠수록 나와 결이 맞는 사람의 공감이 무엇보다 중요하다. 그들은 각자의 자리에 있지만 이어져 있다. 서로서로 공감하며 받쳐줄 때 무너지지 않고 나아갈 수 있다. 나는 오늘도 그들에게 힘을 받으며 거친 육아 전선을 헤쳐간다.

코로나로 일을 구할 수가 없다

'돈 벌고 싶다.'

'월급 받고 싶다.'

이사와 동시에 전업주부가 됐다. 그게 벌써 4년 전의 일이다. 그 사이 난 둘째를 임신했고, 낳았고, 길렀다. 2020년엔 둘째가 어린이집에 입소했고, 코로나가 왔고, 가정 보육을 했다. 어린이집 적응 기간이 막 끝났을 때 가정 보육을 하게 되어 착잡했다. 아이가 적응 기간을 또 거쳐야 할 수도 있으니까. 사실 둘째가 어린이집에 입소하면 한달 정도 쉬고 구직하려 했으나, 코로나는 두 손 두 발을 묶은 채 언제 닥칠지 모를 가정 보육을 대기하게 했다.

그게 벌써 1년이 넘었다. 직접 돈을 벌고 싶어 애가 닳지만 아이들의 안전이 우선이었다. 또한 내가 가정을 지키며, 아이들을 책임지고 있기 때문에 신랑은 코로나의 여파를 맞닥뜨리지 않고 무탈하게 출근할 수 있다. 내가 만약 일을 다니고 있었다면, 우린 코로나 상황에 따라 회사를 빠지느라 진땀을 뺄 테다. 그 난처하고, 눈치 보이며, 머리 아픈 상황을 맞닥뜨리지 않은 것만으로도 얼마나 다행스러운 일인

가. 워킹맘으로 3년을 보냈고, 전업주부로 4년 차에 들어섰다. 워킹맘의 삶은 고됐지만, 두둑한 보상이 있었고, 성취감이 있었다. 종종 월급에서 나를 위해 쓸 때면 한없이 달콤했다.

전업주부의 삶을 시작했을 때 견디기 힘들었던 부분도 이 부분이었다. 직접 번 수입이 없다는 거. 또한 신랑 월급으로 생활비를 쓰다 보니, 결제할 때마다 신랑에게 날아가는 신용카드 내역은 나를 더욱 작아지게 했다. 어떨 땐 결제하자마자 뭘 샀냐면서 신랑이 연락 올 때가 있는데, 이건 마치 선생님에게 머리를 조아리며 숙제 검사를 받는 아이가 된 듯한 느낌이었다. 그럴수록 돈을 허투루 쓰기 싫었고, 신랑의 지적을 받기 싫었다.(지적이 아니었을지라도 그가 던진 말은 내게 그렇게 다가왔다)

신랑에게 종속된 존재로 사는 건 자유롭지 않았다. 경제력까지 잃으니 더욱 그렇다. 나의 사회적 가치는 시간이 흐를수록 볼품없는 것으로 전락하는 중이다. 어떡하지. 나 없이도 잘만 굴러가는 사회를 보면 야속하다. 앞으로도 경제 구성원에 속하지 못하고 신랑에게 종속된 채 살게 될까 봐 두렵다.

많은 엄마들이 사실 엄마의 이름으로만 사는 것을 힘들어한다. 엄마라는 것은 명예직일 뿐, 경력도 인정받지 못하고 독특한 가치를 인정받지도 못하기 때문에. 가장 중요하게는 돈도 못 번다.

— 이진민, 《나는 철학하는 엄마입니다》 중에서

내가 전업주부가 될 줄이야. 내 인생에서 전업주부는 생각도 하지 않았었다. 전업주부 2년 차까진 전업주부의 삶이 싫었으나 그럴 수밖에 없는 상황에 놓이다 보니 이젠 이 생활에 푹 빠졌다. 아이들에게 엄마의 손길이 필요할 때마다 보듬어줄 수 있어서 만족스럽기까지 하다. 지금과 같은 코로나 시국엔 더욱더. 이제는 오히려 워킹맘이 되는 게 두렵다.

워킹맘 시절의 무거운 마음이 생각난다. 아픈 아이를 약과 함께 원에 보낼 때, 잘 놀던 아이가 아프다고 연락 왔을 때, 자는 애를 들쳐업고 7시 반에 등원시킬 때(그때의 난 인천에서 서울로 출근했다), 부모 참여 수업에 참여 못할 때면 눈물이 났다.(대신 신랑이 참여했다) 이보다 미안하고 죄스러운 일이 어디 있을까. 지금도 그 마음을 떠올리면 괴롭다. 엄마에게 가장 마음 아픈 일은 아이가 나를 필요로 할 때 옆에 있어줄 수 없을 때가 아닐까. 지금은 그런 무거운 마음은 없다. 그저 아이들이 나를 필요로 할 땐 체력과 정신은 탈탈 털리지만, 마음만은 가볍다.

무수입으로 어깨를 당당히 펴지 못하고, 사회로부터 멀찍이 떨어진 남루한 자리에 있지만, 아이들이 필요로 할 때 바로 달려갈 수 있다는 사실 하나만으로도 그 이상의 값어치를 한다. 그리하여 아이들에게 제때 사랑을 주고, 엄마의 품과 손길을 나눠주며 전업주부로 성실히 살아내는 중이다. 이 얼마나 다행스러운 일인가. 그러면 되었다. 지금은 그거면 되었다.

코로나 시대
전업주부의 돈벌이 수단

띠링~!

문자를 본 나는 입꼬리가 올라간다. 풀무원 주부모니터 활동비가 입금된 것이다. 큰돈은 아니지만, 두 아이를 돌보면서, 살림을 하면서 악착같이 번 내 소중한 수입이다. 전업주부에게 이보다 뿌듯한 일이 어디 있을까. 주부모니터라는 걸 알게 된 건 전 직장 동료를 통해서였다. 그 언니는 나보다 10살이 많았고, 10년간 주부모니터로 활동하며 아이 셋을 키웠다. 첫째를 낳은 후에도, 둘째를 낳은 후에도 그녀는 내게 강력히 말했다.

"아이 키우느라 일 다니기 힘들면! 주부모니터만 한 게 없어! 꼭 해봐 꼭!"

주부모니터 활동은 보통 6개월 진행되고, 주 1회씩 2시간을 참여하면 4만 원을 버는 꼴이다. 일주일에 4만 원이면! 한 달에 16만 원이다. 돈도 돈이지만 구미가 더 당겼던 건 아이들이 등원한 사이에 활동할 수 있다는 거였다. 육아에 영향 없이 돈을 벌 수 있다니! 이보다 매

혹적인 조건이 어디 있겠는가!

　당장에라도 뛰쳐나가 참여하고 싶었지만, 돌도 안 된 둘째를 돌봐줄 사람은 없었다. 하는 수없이 둘째가 어린이집에 다닐 날을 기다리고 또 기다렸다. 어느덧 2년이란 시간이 흘렀다. 그 사이 둘째는 무럭무럭 자랐고 어린이집 입학식을 코앞에 두었다. 드디어 때가 된 것이다. 주부모니터 모집 사이트에 접속했다. 위에서부터 아래까지 찬찬히 둘러보다 눈이 희번덕 커졌다. 풀무원이란 세 글자가 어찌나 반갑던지! 두근대는 마음을 부여잡고 주부모니터 지원 서류를 다운로드받은 후, 한 글자씩 정성스레 타이핑했다. 내용을 몇 번이나 재확인하고선 두 손을 맞잡았다.

　'제발…… 제발……!'

　눈을 질끈 감고 메일 전송 버튼을 눌렀다. 결과 발표를 기다리는 한 달이 어찌나 길게 느껴지던지. 기다림에 지쳐갈 때 발표 당일이 되었다. 핸드폰을 진동에서 벨소리로 바꾸고, 문자 알람 음량도 최대로 설정했다. 하지만 정오가 지나도 점심때가 지나도 깜깜무소식이었다. 오라는 문자는 안 오고 스팸메일만 잔뜩 왔다. 초조했다. 아무것도 손에 잡히지 않았고, 입맛도 뚝 떨어졌다. 밥도 굶고 시름시름 앓던 3시 11분. 문자가 하나 왔다. 힘없이 핸드폰을 들어 확인했다.

21년 상반기 서류 합격을 축하드립니다.

　외마디 비명을 지르기도 잠시, 뒷부분을 읽고는 시무룩해졌다. 2차로 맛 테스트까지 통과해야 최종 합격인 것이다. 맛 테스트라니⋯⋯ 걱정이 앞섰다. 전 직장동료들은 나를 두고 자주 말했다.

"현주는 웬만한 건 다 맛있어 해!"

직원 식당에서 다들 한입 먹고 고개를 돌린 반찬도 나는 한입 가득 넣으며 만족스레 먹었다. 사람들은 고기에서 누린내가 난다며 외면한 반찬도 내 입에는 모자람이 없었다. 그런 내가 맛 테스트를 통과할 수 있을까. 걱정이 날로 커져가던 어느 날 아침 한 통의 문자가 왔다.

코로나 사회적 거리 두기 2.5단계 연장으로 이번 2021 상반기 식품 주부모니터는 맛 테스트 없이 활동을 시작합니다.

두 손을 잡고 하늘을 향해 "고맙습니다"를 연신 외쳤다. 며칠 후 오리엔테이션을 위해 풀무원 수서 본사에 방문했다. 안내 데스크에서 방문자 명단을 작성하고, 발열 체크를 하고, 손소독 후 입실했다. 담당자는 칸막이 책상으로 나를 안내했다. 옆자리가 모두 비어 있으니 마치 시험을 보러 온 듯 긴장됐다. 담당자는 곧이어 주의사항과 계약서 내용을 설명했고, 코로나로 상황이 좋지 않아 당분간은 온라인 조사로 대체된다고 덧붙였다. 일주일 후 활동은 시작됐다. 제품 수령을 위해 10시 반까지 수서역 풀무원 본사로 가야 했다. 두 아이를 보낸 후 부천에서 수서까지 부지런히 갔다. 본사에 도착하니 풀무원 사무실 입구에서 담당자가 기다리고 있었다. 그녀는 제품이 한가득 담긴 가방을 건네며 말했다.

엄마로 코로나 팬데믹 건너기

"수령자란에 사인해 주세요. 저녁 10시까지 해주시면 되세요."

나는 "수고하세요"라는 말을 남긴 채 다시 집으로 향했다. 한 시간이 넘도록 무거운 가방을 들고 있자니 어깨가 욱신거렸다. 집에 도착하니 12시 반. 마감 시간은 저녁 10시였지만 아이들이 없을 때 해야 수월하므로 서두르기 시작했다. 식탁 위에 포장된 제품들을 꺼냈다. 각 제품마다 조리 방법대로 조리한 후 시식했다. 한 가지 제품이 끝날 때마다 물로 입을 헹구며 먹고 또 먹었다. 나름대로 열심히 했지만 개봉도 안한 제품이 4개나 남아있다는 사실에 한숨이 절로 나왔다. 제품마다 정해진 방식대로 조리하는 것도 피곤해졌다. 배도 점점 불러왔다. 손바닥으로 명치를 쓱쓱 문지르며 시계를 봤다. 아이들이 올 시간이 다가오고 있었다. 정신이 번쩍 들었다. 다시 음식을 입에 넣었다.

식감을 최대한 느끼며 씹다가 뭉개진 음식을 혀로 찬찬히 만졌다. 질감, 강도, 맛 조화도 등을 탐색한 후 설문에 응했다. 돈을 받고 하는 것이기 때문에 할 수 있는 한 최선을 다해 맛을 탐했다. 8개의 제품이 끝나면 배불리 먹은 느낌도 없는데 배는 빵빵했다. 제품 평가하는 날의 점심은 이렇게 끝이 났다. 곧장 일어나 조리했던 흔적들을 치웠다. 싱크대에 쌓인 식기들을 설거지하다 보면, 어느덧 2시. 서둘러 장난감을 정리하고 청소기를 돌린 후 잠깐 쉬었다가 아이들을 데리러 갔다. 이런 생활은 어느덧 막바지를 향해가고 있다.

코로나 상황에 따라 주부 모니터 활동은 한 달에 4번이던 게 1번으로 줄기도 했다. 이 말인즉슨 수입도 그만큼 줄어든다는 소리. 못내 안타까웠지만, 37살 경단녀 4년차인 두 아이 엄마에겐 이렇게라도 벌수 있다는 게 어딘가. 또한 한가득 제품을 받아 오면 일주일치 반찬거리가 해결될 때도 있었다. 돈 위에 반찬거리까지 얹어주다니! 전업주부이자 경단녀에겐 최고의 선물이었다.

아이를 낳고 기르다 보니 경단녀가 되었다. 경단녀가 되는 것은 엄마이기 전에 한 여성으로서 방황의 시작이기도 했다. 어느 정도 아이를 키우고 다시 취직할 수도 있겠지만, 그 사이 공백의 시간은 결코 녹록지 않았다. 경력을 이어갈 수 있을지, 무엇으로 돈을 벌어야 할지, 다시 일을 다닐 수나 있을지. 경력 단절 기간이 길어질수록 불투명한 미래에 대한 고민은 잊을 만하면 찾아왔다. 그리고 그 고민은 항상 불안으로 마무리됐다. 어쩌면 이대로 경제력을 상실한 채 살아가야 할지도 모른다. 내 안에서 숙덕거리는 어두운 생각들은 스스로의 가치를 깎아내리느라 여념이 없었다.

그런 중에 하게 된 주부모니터는 내 안에 차곡차곡 쌓여가던 불안들을 한 꺼풀씩 걷어내는 계기가 되었다. 내가 번 앙증맞은 수입은 막막한 미래에 대한 응어리를 풀어주었다. 주부모니터 요원으로 주어진 할당량의 미션들을 완수할 때마다 따스한 공기가 내 안으로 들어와 마음을 데펴주었다. 마치 내 안의 단단함이 따스해지는 느낌이랄까. 그 느낌이 참 좋았다.

'나도 여전히 무언갈 할 수 있어! 겁부터 내지 말고 뭐든 일단 해보자!'

앞으로도 크고 작은 바람은 불어올 테다. 바람이 거대해지지 않도록 지혜를 발휘할 수 있는 엄마가 되었으면 좋겠다. 그러기 위해서는 고개를 들고 희망이 있는 곳을 바라보며, 세상을 향해 내딛는 한 발자국의 용기가 필요함을 이제는 안다. 용기를 내고, 해내다 보면 믿음은 단단해질 테다.

"나는 할 수 있다. 나는 여전히 할 수 있다." 주문을 걸며 믿음의 뿌리를 마음 정중앙에 심어본다. 한주먹도 안 되는 뿌리가 푸르른 새싹을 틔우며 하늘 높이 솟아나는 날을 고대하며, 오늘도 한 꼬집의 용기를 그 위에 뿌려본다.

※참고

- 주부 모니터 모집 사이트

　https://www.jubumonitor.com/bbs/board.php?board=monitorinfo

- 하루 알바(전업주부들이 하기 좋은 좌담회 모집글이 많은 사이트)

　http://www.oofybiz.com/main/notice_list.php?nt_type=event

코로나 시국에도
엄마가 꿈을 놓지 못하는 이유

2021년 4월 5일. 첫째의 초등학교에 공지가 떴다.

> 최근 코로나19 확진자 수가 기하급수적으로 증가하는 추세에 따라 새로운 거리 두기 단계가 시행되면 1학년도 온라인 수업이 시작됩니다.

그날부터 매일같이 확진자 수를 살폈다. 공지가 뜬 4월 5일의 확진자 수는 477명. 4월 6일은 668명, 7일은 700명, 8일은 671명. 숫자가 심상치 않았다. 3차 대유행이 시작되던 작년 11월과 비슷했다. TV에선 하루가 멀다 하고 '4차 대유행의 문턱'이라고 경고했다. 기사를 확인하고 TV를 시청하는 나의 마음은 타들어갔다.
'이러다…… 가정 보육 또 하게 되는 거 아냐?!'
가정 보육을 생각하자마자 내가 하고 있는 일들이 떠올랐다.

유튜브 주 1회 업로드,

블로그 주 2~3회 포스팅

브런치 주 1회 발행

그 외로도 독서와 인스타그램, 쿠팡 파트너스도 하고 있었다. 내가 가까스로 지키며 하는 행위들이다. 가정 보육으로 몇 번이나 중단되었던가. 중단되는 거까진 그렇다 치자. 무엇보다 괴로웠던 건 끊긴 흐름을 다시 부여잡는 과정이었다. 마치 무너진 벽돌집을 하나하나 다시 쌓아나가는 기분이랄까. 육아와 살림을 병행하며 자아를 지켜내는 건 쉽지 않았다. 육아에 변수가 많을수록 엄마의 시간은 날아가 버리기 때문이다. 특히 코로나 시대엔 더욱더.

첫 번째 가정 보육 때는 악착같이 새벽에 일어나 글을 썼더라도 둘째가 깨거나 아파서 못한 날이 많았다. 두 번째 가정 보육 때는 어떻게든 해내려 하다 보니 예민해졌고 아이들에게 번번이 신경질을 냈다. 세 번째 가정 보육 때는 모든 걸 놔버리고 아이들에게 집중했으나 내 안은 곪아갔다. 그럴수록 맹목적으로 살아가던 예전이 떠올랐으나 돌아갈 수 없다는 걸 나는 누구보다 잘 안다. 맹목적으로 살아가던 때보다, 아등바등하더라도 무언가에 몰입하고 성취해나가는 시간이 엄마인 나를 지탱해 준다는 걸 근 4년 동안 경험하고 있기 때문이다. (지금도 여전히) 그래서 이 모든 게 가정 보육으로 다시 위태로워질까 봐 벌써부터 심란하다.

엄마들은 대개 이렇다. 무언갈 시도해도 아이 일로 엎어지고 중단되는 경우가 얼마나 허다한가. 하물며 아이로 인해 일을 그만두는 엄마도 있다.(내가 그랬다) 아이들을 키울수록 많은 욕심과 과한 목표는 상처가 된다는 걸 매번 깨닫는다. 그래서 욕심을 최소한으로 덜어내지만 그마저 못하는 날엔 마음이 산산조각 난다. 대체 얼마나 더 욕심을 내려놔야 하는 걸까. 코로나라는 위태로운 환경과 엄마라는 역할 안에서 나를 지키기 위해 나는 더 강해져야만 했다. 어떻게든 시간을 내야 했고, 중단돼도 주섬주섬 일어나 걸어야 했다. 그럴 때마다 엄마의 과다한 몫들이 싫었다. 엄마는 원래 강하지 않다. 엄마가 되어 맞닥뜨리는 풍파를 맞으며 억척스러워지는 것이다.

그렇다면 나는 대체 얼마나 더 강해지고 억척스러워져야 하는 걸까.
엄마의 과다한 몫들 속에서 나를 지켜내기 위해 대체 얼마나 더 굳세져야 하는 걸까.
지금보다 얼마나 더 담대해져야만 이 난관을 덤덤히 견딜 수 있는 걸까.

이 시간에도 삶의 근거를 찾기 위해 달려가는 엄마들이 있다. 아이들이 잠든 밤 노트북 앞에 앉아 책 읽는 엄마, 동이 트기도 전에 일어나 글 쓰는 엄마, 새벽 6시에 독서 모임을 하는 엄마, 아기가 낮잠 잘 때 악착같이 강의 들으며 공부하는 엄마. 출퇴근하며 영어 공부하는 엄마.
이것이 치열하게 살아가는 엄마들의 풍경이다. 그녀들은 하나같이 절실하다. 그녀들의 간절함을 보고 있노라면 정신이 번쩍 든다.

　엄마라는 과중한 역할과 코로나라는 위태로움 속에서도 엄마들이 절실하고도 간절하게 무언갈 해내려는 이유는 뭐란 말인가. 엄마라는 갑갑함에서 벗어나고 싶고, 뭐라도 삶의 근거를 찾기 위해서다. 그렇게 엄마들은 오늘도 분투한다. 나를 지키기 위해. 코로나 시국에 더욱 악착같이.

　나는 왜 공부하는가, 무엇을 얻으려고 하는가, 남들처럼 무슨 학위 따고 연구자의 길을 갈 것도 아닌데……그냥 나의 갑갑함이겠지. 뭐라도 삶의 근거, 희망 나부랭이를 찾고 싶은.

　　　　　　　　　　　　　　　　　　　– 은유《올드걸의 시집》중에서

잃어봐야 안다.
소박한 보통날의 소중함을

느닷없이 그리웠다. 아이들과 집안에서 복작대고 있는 지금 불과 얼마 전의 일상이 그리웠다.

나가고 싶으면 나가고, 만나고 싶으면 만나고, 바깥세상과 부대끼던 소박한 보통날이 한없이 그리웠다.

나갈 때마다 마스크를 쓰고, 돌아오면 빠득빠득 손 씻는 게 일상인 지금. 상상도 못 한, 한 번도 경험해보지 못한 이 현실이 아직도 낯설다. 날이 좋은 주말이면 아이들과 나들이 가던 게 생각난다. 한강 망원지구 놀이터에서 텐트 치고 놀다가 편의점에서 라면 끓여 먹던 일, 오션월드 유수풀에서 아이와 둥둥 떠다녔던 일, 사람들이 바글바글한 롯데몰에서 맛있는 거 먹겠다며 아이들과 줄을 섰던 일, 극장에서 딸아이와 팝콘을 한 움큼 집어먹으며 겨울 왕국을 봤던 일. 어디 가정뿐이랴. 어린이집에선 한 달에 한 번 숲 체험을 갔고, 공연을 봤고, 소풍을 갔다. 아이는 그때마다 자기 전에 들떴고, 아침엔 두 팔을 힘차게 내두르며 어린이집을 향했다. "엄마 잘 갔다 올게"하며 함박웃음을 짓던 아이.

코로나가 번지던 2020년 2월. 어린이집은 모든 바깥 활동을 전면 중단했다. 지금까지도 말이다. 등원 후 아이들은 어린이집 안에서만 활동했고, 놀았고, 공부했다. 코로나 대유행일 때는 그나마 진행되던 체육활동, 오감 활동도 중단되며 긴급 보육 체제가 가동됐다. 돌봄이 가능한 아이들은 가정 보육을 했고, 맞벌이 가정은 다른 방도가 없어 긴급 보육을 신청해야만 했다.

난 아이들을 돌볼 수 있으므로 가정 보육을 했다. 가정 보육이 장기화될 때면 어린이집의 역할을 뼈아프게 깨닫는다. 별생각 없이 보내던 어린이집이 아이에게도 내게도 이렇게 큰 지지대였다니. 어린이집에서는 보육 기능뿐만 아니라, 돌아다니며 식사하지 않기, 책상 위로 올라가서 장난치지 않기, 친구 때리지 않기와 같은 전반적인 예절과 사회 규범도 지도한다. 집에서 부모가 알려주는 것과는 다르다. 어린이집에서는 친구와 관계 맺고 그 과정에서 일어나는 여러 기회와 경험을 통해 아이는 온몸으로 습득한다.

이 시간의 부재는 아이들과 부모에게 혼란을 야기했다. 가정 보육을 계속하다 보면 살림과 육아에 지친 엄마는 나가떨어진다. 정신도 체력도 탈탈 털린 엄마에겐 아이들을 제대로 돌본다는 건 버겁다. 잠깐의 휴식을 위해 TV를 틀어준다는 게 어느새 온종일이다. 내가 그랬다. 가정 보육이 길어질 때면 정말 과장 안 하고 날뛰는 야수가 될 뻔했다. 몇 번의 가정 보육을 하다 보니 아이와 더는 투닥거리기 싫었다. 결국 두 손 두 발 들며 마음을 내려놓게 되었다.

난 깨달았기 때문이다. 나만 포기하면 하루가 평탄히 흘러간다는 걸. 지적과 잔소리를 하기보단 못 본 척 안 들은 척했다. 평화를 위해 분쟁보단 침묵을 선택한 것이다. '아이들 보호만 잘하면 되는 거 아냐?'라는 생각을 했고, 수많은 하루를 TV를 틀어주며 연명했음을 고백한다. 당연히 아이에게 자리 잡던 습관과 규범, 생활리듬은 무너졌다. 하루 한 번 먹던 간식은 수시로 먹었고, TV도 원없이 봤다. 어차피 내일도 집에 있기 때문에 아이들은 늦게 자고 늦게 일어났다. 뭐 어떤가? 순탄한 하루가 이어진다면야……. 그렇지 않았다면 하루가 1년 같았던 가정 보육을 버텨 낼 수 없었을 거다.

이 와중에 초등학교 온라인 교육을 서포트한 부모들은 어땠을까 싶다. 그걸 생각하면 첫째가 7살이었다는 게 더없이 고맙다. 주변에선 온라인 교육의 문제점이 심심치 않게 들린다. 그중에서도 온라인 수업에 비협조적인 아이들에 대한 이야기를 많이 듣는다. 출석만 하고 드러누워 게임하는 아이, 수업 중에 라면 먹는 아이, 늦잠 자서 참여 안 하는 아이. 교사는 화면 속 아이들을 통제하고 관리하는 것의 한계로 스트레스 받았고, 부모는 그런 아이를 채근하며 챙기느라 힘겨워했다.

교육이란 지식 습득만이 아니다. 신체적 성장, 정서적 발달, 사회성의 발달을 조화롭게 하여, 넓은 교양과 건전한 인격을 갖춘 인간으로 성장시키는 것이다. 이건 온라인 수업으론 한계가 있다. 그저 화면만 보는 것으론 인간으로서의 덕목과 사람과의 정서를 실질적으로 배우긴 어렵다. 아이들은 친구와 같은 공간에서 기회와 경험을 나누고 뒹굴면서 여러 가지를 대처하며 배워야 한다. 그 과정에서 선생님에게 바른 행동과 잘못된 행동을 지도 받으며 전인적 성장을 해나가야 한다. 전인적 성장이라는 게 뻔한 이야기일지도 모르지만 가장 중요한 일이 아닐까. 몸과 마음이 건강하고 균형 잡힌 사람으로 자라는 것이 무엇보다 중요하다고 생각한다.

부모에게도 학교 역할은 중요하다. 일하는 부모는 아이들을 믿고 맡기며 맘 편히 돈을 벌어야 하고, 전업주부는 아이들을 학교에 보내곤 콧노래 부르며 장도 보고 청소도 하며 본인의 일상을 보내야 한다. 이 생활이 굴러가기 위해선 학교라는 단단한 지지대가 받쳐줘야 한다. 아이를 어린이집에, 유치원에 학교에 보낼 수 없다면 모든 게 깡그리 무너진다는 걸 부모들은 코로나 사태로 뼈아프게 깨달았고, 그 소중함도 여실히 느꼈다.

《나는 철학하는 엄마입니다》에서는 버크와 토크빌의 '값진 공포(salutary feat)'에 대해 이야기한다. 쉽게 말하면 '사람들에게 집단적으로 두려운 순간이 닥치면 이는 강한 충격이 되어 사람들을 깨우고, 생생히 살아 있게 한다는 것'이다. 코로나가 세상을 엄습한 지금 딱 들어맞는 말이다.

코로나는 전 세계에 강펀치를 날렸다. 강펀치를 무자비하게 맞을수록 우리 피부는 짓이겨졌고, 피가 났고, 급기야 뼈가 으스러졌다.

여기서 끝나지 않고 코로나는 우리를 결박했다. 주위를 둘러볼 틈도 없이 앞만 보며 내달리던 우리는 피떡이 되고 결박되고서야 멈췄다. 사람들은 대체 왜 피떡이 되도록 맞고 결박당해야 하는지 분노했고, 절망했다. 제발 풀어달라고 신음하고 절규했다. 사람들은 깨달았다.

나가고 싶으면 나가고, 만나고 싶으면 만나고, 바깥세상과 부대끼던 소박한 보통날의 소중함을. 그건 눈부신 축복이었다. 마스크와 열 체크 없이 어디든 들어가고, 여행 가고, 먹고 마시며 즐기던 삶의 생생함은 아무리 숨기려 해도 숨겨지지 않는 영롱한 축복인 것이다. 잃어봐야 소중함을 깨닫는다. 이 기회를 빌어 영롱한 보통날을 지키기 위해, 앞으로 우린 어떤 일을 해야 할지 각성하는 시간이 되었길 진심으로 바란다.

희망을 향해 손을 뻗어본다.
간절히 소망하면서

2021년 7월 30일 반가운 소식이 들렸다. 18~49세 코로나 백신은 화이자와 모더나로 맞게 된다는 정부의 발표였다. 화이자와 모더나라니 감사합니다! 접종 진행 방식은 생년월일 끝자리를 이용한 사전예약 10부제로 운영된다고 했다. 이럴 때가 아니었다. 당장 10부제에 대해 검색했다. 내 생일이 23일이니까…… 그러면 8월 13일이 예약일이구나! 까먹으면 안 되니까 캘린더 어플에 분홍색 형광펜으로 표시했다. 아! 알림 설정도!

8월 13일 아침 비장한 각오로 핸드폰을 들었다. 아이들이 깨기 전에 끝내고 싶다는 조급함과 접속이 안 될 수도 있다는 불안감. 거기다 7월 초 모더나 조기 마감과 같은 사태가 일어날지도 모른다는 조마조마함으로 초조하게 화면을 응시했다. 다행히 사이트 접속은 원활했다. 어서 마무리 지을 요량으로 속도를 냈다. 모든 게 수월히 진행되는 듯했다. 창 하나가 뜨기 전까진……. "해당 기간 내에 대상자가 아닙니다."

응? 뭐지? 분명 오늘은 13일이고, 예약 당일이 맞다. 두어 차례 시도해도 결과는 같았다. 이유를 알아내기 위해 예약 안내 화면을 매의 눈으로 살폈다. 뭐가 문제인 걸까. 예약시간에서 눈동자는 멈췄고, 느낌표가 머리 위로 뿅하고 튕겨 올랐다. '오호라! 예약시간이 저녁 8시부터 내일 저녁 6시까지였구나!' 이유를 찾은 희열도 잠시 왜 이따구로 시간을 잡은 건지 빈정거렸다. '왜 하필 저녁 8시부터야~ 가장 정신없는 시간인데!'

저녁 8시는 저녁 육아로 한창 바쁠 때다. 보통 저녁을 먹인 후 아이들과 놀거나 목욕시키는 시간인데, 그 두 가지만으로도 시곗바늘은 빠르게 돌아간다. 그렇다면 차라리 아이들을 재운 후에 예약해도 되겠지만, 문제는 내가 먼저 잠드는 일이 비일비재하다는 것이다. 그렇게 되면 예약은 내일로 물 건너간다. 근데 그러긴 싫었다. 나는 들었기 때문이다. 늦게 할수록 원하는 병원과 원하는 시간대로 예약할 수 없다는 걸. 생각할수록 불만스러웠다. 국가에서 예약시간을 이렇게 정한 이유야 있겠지만, 예약 당일 AM 12시부터 PM 12시까지 하면 깔끔하지 않나 생각했다.

그렇다고 입을 삐쭉 내밀고 계속 있을 순 없었다. 그 사이에도 내가 원하는 병원, 원하는 시간대로 예약하는 사람들이 있을 테니까. 어떻게든 날짜를 넘기지 않고 예약하리라! 그러기 위해선 수시로 엄마를 찾는 아이들의 동태를 살펴야 한다. 8살인 첫째에겐 잠시 기다려달라고 말하면 이해해 주겠지만, 말도 안 트인 4살 둘째에겐 어림없는 일이다. 그렇기 때문에 주의 인물인 둘째를 예의주시해야 한다. 좋은 타이밍을 잡기 위해 수시로 그를 살폈다. 둘째가 자동차 놀이를 시작했다. 지금이다! 빠른 시간 안에 마무리해야 되므로, 핸드폰보단 컴퓨터가 나을 듯했다.

    저녁 9시! 작전은 시작됐다. 두 눈과 두 귀의 레이더를 둘째에게 풀가동시켰다. 아직까진 잘 놀고 있었다. 서두르자! 예약 사이트에 접속하고선 본인 인증을 했다. 원하는 지역과 병원을 선택하고 접종이 시작되는 날짜를 보는데 김이 샜다. '에이 뭐야~ 당장 다음 주부터 맞는 줄 알았는데! 한 달 뒤였어?' 어쨌든 간에 예약이 가능한 첫날을 눌렀다. '응? 시간대가 왜 이 모양이지?' 누를 수 있는 시간대가 없었다. 다음날도, 그 다음날도 같았다. 병원을 바꿔보기로 했다. 역시나 마찬가지였다. 사이트 오류인가 보다 하고 생각하다가, 혹시나 해서 조금 떨어진 병원을 선택해봤다. 이전의 화면과는 달랐다. 활성화된 버튼이 있었던 것! 그것도 딱 하나! 오전 11시. 혹여나 놓칠세라 부리나케 눌렀다. 화면은 빠르게 예약 정보 페이지로 넘어갔다. 그제야 마음이 놓였다. 미션 성공!

    예약을 하면서도 긴장됐다. 접종 예약에서의 관건은 누가 더 빨리 예약했느냐다. 서두를수록 원하는 병원과 시간대의 예약 가능성은 높아지고, 늦게 할수록 원하는 조건에서 멀어진다. 대부분의 사람들은 되도록 집 근처에서 후다닥 접종하고 싶어 한다. 그런 이유로 내가 한 시간 뒤에 접속했을 때 누를 수 있는 시간이 없었던 것도 사이트 오류가 아닌 이미 원하는 조건으로 사람들이 예약을 선점한 것이었다. 그렇기 때문에 예약에 더욱 속도를 내야 했다. 간발의 차이로 진행 중인

팬데믹? 엄마니까 버텨봅니다!

예약을 놓칠지도 모르니까. 완료된 예약 정보 화면을 다시 보았다. 나름대로 예약을 선방했다는 사실에 뿌듯했다. 9월 17일 예약일을 확인하고 눈동자를 아래로 옮겼다. 1차 예약 백신 칸에 mRNA(모더나 또는 화이자) 백신이라는 글자가 명확히 기재되어 있었다. 화이자나 모더나를 맞을 수 있다니! 기뻤다. 아무래도 다른 백신에 대한 우려가 말끔히 가시지 않았으니 말이다.

이젠 내 주변에도 접종한 사람들이 다수다. 얀센을 맞은 사람, 아스트라 제네카를 맞은 사람, 모더나를 맞은 사람, 화이자를 맞은 사람 다양하다. 매체에서 무섭게 보도되는 부작용은 내 주위에선 다행히 일어나지 않았다. 일례로 나이도 있고 지병도 있는 부모님만 해도 그렇다. 아빠는 아스트라 제네카를 맞고는 그 어느 때보다도 컨디션이 좋다고 말했고, 엄마는 이틀 동안 두통으로 누워 지냈으나 차차 호전됐다. 비슷한 시기에 시어머니도 아스트라 제네카를 접종하셨다. 50대인 어머니는 접종 시기가 안 됐지만, 잔여 백신을 예약했고, 연락이 오자마자 서둘러 맞았다. "애들 생각하면 하루라도 빨리 맞아야지!" 우리와 함께 사는 어머니는 부작용보단 혹여나 본인이 코로나에 걸려 손주들에게 영향을 줄까 걱정하는 마음이 더 컸다.

그런 여러 사람들의 마음이 모이다 보니 어느새 1차 접종률은 90%를 넘겼고, 2차 접종률도 65%를 넘겼다. 10월 18일부터 시작되는 16~17세(04~05년생) 청소년의 코로나 백신 사전예약률도 55.5%다.(10/18기준) 전 국민이 70% 이상 1차 접종을 마치면 위드 코로나를 검토해볼 거라고 말한 대로, 정부는 위드 코로나로의 전환을 추진하고 있다. 이미 위드 코로나를 시행한 나라들의 문제점을 살피며, 신중하게 진행하다 보면 당분간은 지금의 거리 두기 단계가 하향된 수준에서 제한적으로 시행되지 않을까 조심스레 짐작해 본다.

난 벌써부터 설렌다. 아이들과 어디로 놀러 갈까? 코로나로 가기 꺼려졌던 워터파크를 겨울에라도 다녀올까? 검색해 보니 겨울에 워터파크를 즐기는 사람들이 많았다. 수영장 물이 따뜻해서 온천 간 기분이 들어 나름의 묘미가 있다나 뭐라나. 아이들이 까르륵 웃는 모습을 상상하는 것만으로도 입꼬리가 올라간다. 비록 마스크를 쓴 채 놀게 되더라도 상관없다. 그저 자유롭게 바깥을 다니고, 여행을 가고, 맛있는 걸 먹을 수 있다면 그것만으로도 족하다.

우린 코로나로 당연했던 일상의 고귀함을 깨달았다. 삐걱거렸던 시간들로 무엇이 소중한지 이제는 안다. 모든 건 마음 먹기에 달렸다는 진부하고도 뻔한 말처럼, 일상의 고귀함을 안 우리는 다른 마음, 다른 시선으로 일상을 바라보게 될 것이다. 코로나 이전엔 생각해 본 적 없는 근본적인 질문들을 던지며, 빼앗겼던 것들을 다시 움켜잡으며, 우리가 지킬 수 있는 것들은 지켜가면서, 내가 느끼는 감정과 보고 있는 풍경이 이상하리만치 살아있구나 실감하면서, 하루하루를 지내다 보면 삶엔 활기가 생기고 서서히 온기가 퍼져나가 얼어 있던 사람들의 마음을 녹여줄 거라 믿는다. 그러다 보면 우울했던 코시국은 거짓말처럼 지나가 있지 않을까.

팬데믹? 엄마니까 버텨봅니다!

독서와 글쓰기로 《모든 나를 응원한다》를 출간한 지도 벌써 3년 전의 일입니다. 출간과 비슷한 시기에 출산했던 둘째는 어느덧 39개월 차인 4살이 되었죠. 처음으로 돌아간 육아는 고달팠고, 두 아이를 돌보는 일은 혹독했습니다. 그럴수록 책을 읽었고, 치열하게 글을 쓰며 육아 전선을 버텼습니다. 여전히 버티고 있고요. 글이란 건 쓸수록 행복과 두려움을 동시에 안기더군요. 책 한 권 출간했다고 좀 더 수준 높은 글을 써야 한다는 부담감과 높아진 저의 눈, 그에 비해 더디게 쌓이는 저의 실력에 눈물만 나더라고요.

그럼에도 계속 썼습니다. 저는 살고 싶었기 때문입니다. 엄마인 나 말고, 박현주로 살고 싶어서. 나의 끄트머리라도 붙잡고 싶어서 쓰고 또 썼습니다. 거창한 글은 아닐지라도 그 덕에 저는 지워지지 않고 육아 전선을 버티고 있으니까요. 앞으로도 마찬가지일 테고요.

글 쓰는 행위는 코시국 중에 빛을 발했습니다. 가정 보육으로 쓰지 못한 날도 많았지만, 그럼에도 버둥거리며 쓴 수많은 날이 있었기에 견뎌 낼 수 있었습니다. 온갖 감정을 어떻게든 처리했기에 숨 쉴 수 있었고, 엄마로, 나로 중심을 잡으며 버틸 수 있었거든요. 거기다 제 글에 공감해 주시는 분들도 생겼고, 응원과 위로를 해주시는 분들도 생겨서 더욱 힘을 낼 수 있었습니다.

그래서 저를 응원해 주시는 분들께 보답해드리고 싶었습니다. 좀 더 단단한 내용과 글로 진심을 보여드리는 것이 방법이라 생각했습니다. 그래서 최대한 실오라기 걸치지 않고 상황과 감정을 적으려 노력했습니다. 지금까지 썼던 방식과 달리 공부도 하고, 자료 수집도 하면서 열과 성을 다해 쓰기도 했습니다. 저의 이런 마음이 독자분들에게 가닿길 바랍니다.

제가 본격적으로 원고 작업을 시작한 시기는 6월 말인데요. 그때 제가 바란 것은 딱 하나였습니다. 원고 작업 중에 가정 보육을 하는 사태가 일어나지 않길 바란 것이죠. 7월 초부터 상황이 안 좋아지더니, 1,000명대를 넘어서더군요. 결국 7월 9일 거리 두기 4단계라는 초유의 사태가 일어났고, 첫째네 학교는 바로 다음 등교부터 원격수업을 시작했습니다. 그날부터 아이의 원격 수업을 봐주고, 점심을 차려주고, 놀아주다가 공부방에 데려다줬습니다. 끝나는 시간에 맞춰 픽업했고, 태권도장에 데려다주고, 첫째가 끝나는 시간에 맞춰 두 아이를 모두 픽업하다 보면 생각보다 글 쓸 시간이 많지 않더군요. 당연히 저녁에는 육아하느라 작업할 수 없었고요.

이렇다 보니 마음엔 여유 따윈 없었습니다. 1분 1초도 허투루 쓸 수 없더군요. 잠을 줄이고, 밥 먹는 시간도 아까워 식사도 거르며, 주어진 시간 안에 최대한 집중하려 노력했습니다. 그러다 보니 몸이 이겨내질 못하더군요. 37년 동안 건강함의 대명사인 제가 대상포진이란 걸 걸리다니요. 그것도 얼굴에요. (지금은 흉터로 남아 갈색으로 변색됐네요.) 그때 참 속상했습니다. 엄마로 무언갈 꿈꾸고 도전한다는 건 참으로 어려운 일이구나 싶었기 때문이지요. 살림과 육아에 영향이 끼치지 않는 선에서 시간을 조율하고, 잠도 줄여가면서 치열하게 하는 제가 짠하더군요. 그때마다 코로나가 야속했습니다. 만약 코로나만 아니었다면, 보다 여유 있게 저의 생활을 해나갔을 텐데 말이죠. 그건 저뿐만이 아니라 모두가 그럴 것입니다.

앞으로 코로나 시대는 어떻게 흘러갈까요. 코로나와 공존하는 삶은 과연 어떤 모습일까요. 얼마 후면 위드 코로나가 시작됩니다. 단계적으로 일상이 회복된다는 말만으로도 왜 이렇게 감격스러운지 모르겠습니다.

당연히 염려되는 부분도 있습니다만, 저는 믿습니다. 더는 힘겨운 싸움으로는 치닫진 않을 거라고요. 사람들의 마음에 응어리진 고통이 풀어질 날이 머지않았다고요. 설령 위기가 다시 찾아온대도, 우린 그사이 노련해졌고, 더군다나 더 힘든 순간들도 여러 번 헤쳐오지 않았나요. 충분히 이겨낼 수 있을 거라 생각합니다.

그러니 다시 한 번 애써봅시다. 버텨봅시다. 견뎌봅시다.

우리가 할 수 있는 일들을 지금처럼 꿋꿋이 해나가다 보면, 내년엔 한결 나아진 우리를 만날 수 있을 거라 기대합니다.

팬데믹? 엄마니까 버텨봅니다!

〈고마운 분들〉

제가 글을 쓰고 유튜브를 하는 것을 묵묵히 지켜보며 도와주는 남편에게 고맙습니다. 그리고 건강하게 잘 자라주는 우리 아이들 세연이, 세윤이에게도 고맙습니다. 며느리가 글을 쓰고 유튜브 하는 것을 알고 응원해 주시는 시어머니, 항상 저를 믿어주는 부모님. 그리고 저의 형제들. 그 외로 저를 응원해 주는 모든 분들께 머리 숙여 감사드립니다.

또한 저의 글이 책으로 나올 수 있도록 애써주신 바이북스 윤옥초 대표님과 김태윤 편집팀장님에게도 감사의 말씀을 전합니다. 마지막으로 여기까지 읽어주신 독자 여러분께 진심으로 감사드립니다. 앞으로도 독서와 글쓰기를 하며 성장하는 모습 보여드리겠습니다.

2021년 10월, 탈고를 마치며

팬데믹? 엄마니까 버텨봅니다!

초판 1쇄 인쇄 _ 2022년 1월 5일
초판 1쇄 발행 _ 2022년 1월 10일

지은이 _ 박현주

펴낸곳 _ 바이북스
펴낸이 _ 윤옥초
책임 편집 _ 김태윤
책임 디자인 _ 이민영

ISBN _ 979-11-5877-278-9 03590

등록 _ 2005. 7. 12 | 제 313-2005-000148호

서울시 영등포구 선유로49길 23 아이에스비즈타워2차 1005호
편집 02)333-0812 | 마케팅 02)333-9918 | 팩스 02)333-9960
이메일 bybooks85@gmail.com
블로그 https://blog.naver.com/bybooks85

책값은 뒤표지에 있습니다.

책으로 아름다운 세상을 만듭니다. — 바이북스

미래를 함께 꿈꿀 작가님의 참신한 아이디어나 원고를 기다립니다.
이메일로 접수한 원고는 검토 후 연락드리겠습니다.